바로 읽는
생명과학의 역사

A SHORT HISTORY OF
BIOLOGY

by Isaac Asimov

This Korean edition was published by Tamgudang Publishing Co. in 2017 by arrangement with Doubleday, an imprint of The Knopf Doubleday Group, a division of Penguin Random House, LLC.. through KCC(Korea Copyright Center Inc.), Seoul.

이 도서의 국립중앙도서관 출판예정도서목록(CIP)은 서지정보유통지원시스템 홈페이지(http://seoji.nl.go.kr)와 국가자료공동목록시스템(http://www.nl.go.kr/kolisnet)에서 이용하실 수 있습니다.(CIP제어번호: CIP2017009339)

바로 읽는

생명과학의 역사

아이작 아시모프 지음 | 정정남 옮김

탐구당

목차

9장 질병과의 전쟁

10장 신경계

11장 혈액

1장 고대의 생물학

과학의 태동

생물학은 생명체에 관한 학문이다. 인간의 정신이 발달하여 우리 자신이 딛고 서 있는, 움직이지 않고 느낄 줄 모르는 땅과는 다른 것임을 깨달은 순간부터 일종의 생물학이 시작되었다. 그러나 오랜 세기 동안 생물학은 우리가 과학으로 인식할 형태가 아니었다. 인간은 질병에 걸린 자신과 타인을 치료하고, 고통을 경감하고, 건강을 회복하고, 죽음을 피하고자 하기 마련이며, 주술을 통해 혹은 종교적인 의식으로 우선 그렇게 했다. 신이나 악마를 불러들여 사건의 진행을 바꾸려 했다.

그리고 인간은 동물이 도축업자에 의해 먹거리로 또는 성직자에 의해 희생물로 해체될 때, 동물의 살아 있는 내부 구조를 관찰할 수 있었다. 그렇다 하더라도 작동방식을 연구할 의도가 아니라, 미래와 관계있는 정보를 얻을 목적으로 장기의 상세한 특징에 주의를 기울였다. 그러므로 숫양 간(肝)의 모양을 보고 왕과 국가의 운명을 예측한 점쟁이가 초기의 해부학자였다.

다량의 유용한 정보가 미신의 압도적인 영향하에서도 오랜 기간 의심할 여지없이 축적되었다. 고대 이집트에서 미라에 솜씨 좋게 방부처리를 했던 사람은 인체 해부에 대한 실용적인 지식을 갖고 있었음에 틀림없다. BC 1920년의 바빌로니아 시대까지 거슬러 올라가는 함무라비 법전에는 의사업에 대한 상세한 규제가 쓰여 있다. 수 세대 동안 실제 관찰을 통해 축적된 지식이 유익했음에 틀림없는 외과 의사들이 이미 그 당시에 존재하고 있었다.

그럼에도 불구하고 우주가 변덕스러운 악마의 절대적

인 지배하에 있다고 인간이 믿는 한, 자연적인 것이 초자연적인 것의 부차적인 것이라고 느끼는 한, 과학의 진보는 아주 느릴 수밖에 없었다. 최선의 선택은 보이는 세계의 연구가 아니라, 영감과 계시를 통해 보이지 않는, 통제 밖의 세계에 대한 이해에 몰두하는 것이었다.

확실히 일부 사람들은 때때로 이 같은 견해를 거부하고 자신의 지각을 통해 세계에 대한 연구에 집중했음에 틀림없다. 그러나 이들은 적대적인 문화에 묻혀 이름을 남기지 못했고 영향을 끼치지 못했다.

그 같은 일에 변화를 일으킨 것은 고대 그리스인이었다. 그들은 가만히 못 있고, 호기심 많고, 입심 좋고, 이지적이고, 따지기 좋아하고, 때로는 불손하기까지 한 사람들이었다. 대부분의 그리스인들은 그 당시나 그 이전의 사람들처럼 신과 반인반신의 보이지 않는 세계 속에서 살고 있었다. 만약 그들의 신이 다른 나라 이교도들의 신보다 더 매력적이었다면, 그들 역시 동기와 반응이 유치했을 것이다. 질병은 아폴로 신의 화살에서 비롯하고, 아폴로 신은 사소한 이유로 분별없이 노여움을 터뜨리는데, 희생물과 아첨으로 달랠 수도 있다.

그러나 이러한 견해를 거부한 그리스인도 있었다. BC 600년 무렵 이오니아(에게해 해안, 지금의 터키)에서 그 모두를 바꿀 운동을 시작한 일련의 철학자들이 나타났다. 전하는 바에 의하면 탈레스(Thaless, 기원전 640?-546)가 처음이었다.

이오니아의 철학자들은 초자연적인 것을 무시한 대신 우주의 사건이 고정 불변의 패턴을 따른다고 생각했다. 모든 사건에는 원인이 존재하고, 특정 원인으로부터는 변덕스런 의지에 의한 변화의 위험 없이 필연적으로 효과가 생겨난다는 인과관계를 믿었다. 더 나아가 우주를 지배하는 '자연법칙'은 인간의 정신이 아우를 수 있고, 제일원리나 관찰로 추론해 낼 수 있는 성질의 것이라고 믿었다.

이러한 견해는 우주 연구를 대단한 것으로 만들었다. 견해에 따르면 인간은 우주를 이해할 수 있고 일단 이해하기만 하면 그 이해는 영속적인 것이 된다. 만약 태양의 운동을 지배하는 법칙을 알아내기만 하면 파에톤이 태양 마차의 고삐를 쥐고 하늘을 가로질러 임의로 길을 가겠다고 해서 그 법칙이 쓸모없어질까 봐 걱정할 필요는 없게 된다.

초기 이오니아 철학자에 관해서는 아는 게 거의 없다. 그들의 업적을 잃어버렸기 때문이다. 그러나 그들의 이름과 가르침의 핵심 내용은 남았다. 게다가 이들과 함께 시작한 '이성주의'(계시가 아니라 이성을 통해 우주의 운행을 이해할 수 있다는 믿음)는 결코 죽지 않았다. 폭풍 성장기가 있었고, 로마 제국의 몰락 후에 거의 꺼질 듯이 깜박거렸지만 결코 죽지는 않았다.

이오니아

이성주의(합리주의)는 동물의 내부 장기를 신탁 전달 도구로서가 아니라 그 자체를 목적으로 연구하면서 생물학에 도입되었다. 전하는 바에 따르면, 저술을 목적으로 최초로 동물을 해부한 사람은 알크매온(Alcmaeon, 기원전 6세기 활동)이었다. 기원전 약 500년 알크매온은 눈의 신경을 기술했고 달걀 속에서 발생 중인 닭의 배아를 연구했다. 그러므로 그가 생물의 구조에 관한 학문인 **해부학(Anatomy)** 및 출생 전의 생물에 관한 학문인 **발생학**

(Embryology)의 최초 연구자로 여겨진다. 알크매온은 중이와 목을 연결하는 좁은 관까지 기술했다. 그러나 이는 후대의 해부학자들로부터 간과되었고 2천년이 지나서야 재발견되었다.

그러나 생물학의 이성주의와 관련된 가장 유명한 이름은 히포크라테스(Hippocrates, 기원전 460?-375?)이다. 이오니아해안에서 조금 떨어진 코스 섬에서 태어나 살았다는 것 외엔 거의 알려진 것이 없다. 코스 섬에는 그리스 의술의 신 아스클레피우스를 모신 신전이 있었다. 그 신전은 오늘날의 의과대학에 해당하는 셈이어서 거기서 사제가 된다는 것은 의학 학위를 받는 것을 뜻했다.

생물학에 대한 히포크라테스의 최대 기여는 아스클레피우스를 순수한 명예직으로 끌어내린 데 있다. 히포크라테스의 견해로는 신이 의술에 영향을 미치는 게 아니었다. 히포크라테스에 따르면 건강한 몸이란 각 구성부위가 제대로 조화롭게 작동하는 상태였고 병든 몸이란 그렇지 못한 상태였다. 작동의 결함이 어디에 있는지 세심하게 살핀 다음 결함을 고치기 위해 적절한 행동을 하는 것이 의사의 일이었다. 적절한 행동에 기도나 희생, 악마 몰아내기, 신 달래기 등은 포함되지 않았다. 주로 환자를 쉬게 하고, 청결하게 하고, 신선한 공기를 흡입하게 하고, 건강에 유익한 간단한 음식을 먹게 하였다. 도에 지나친 것은 이런 저런 점에서 몸의 균형을 잃게 만들 것이므로 모든 것은 적당해야 했다.

요약하면, 히포크라테스의 견해로는, 의사의 역할이란 치료를 자연법칙에 맡기는 것이었다. 몸에는 항상 작동하는 자기치유력이 있다. 그 당시의 제한된 의료 지식을 생각할 때 이는 훌륭한 견해였다.

히포크라테스는 그의 사후에 수세기 동안 지속된 의학의 전통을 세웠다. 이러한 전통을 이어간 의사들은 자신의 저술에 명예로운 그의 이름을 썼고, 그래서 책의 어떤 부분이 실제로 히포크라테스의 글인지 알 수 없도록 만들고 말았다. 예를 들어 졸업식 때 의학도들이 낭독하는 '히포크라테스의 선서'는 그 자신이 쓴 것이 아니고 사후 600년이 지나 만들어진 것이다. 한편 히포크라테스의 가장 오래된 저작물로 뇌전증(간질)을 다룬 것이 있는데, 이는 그 자신이 직접 저술한 것일 수 있다. 만약 그렇다고 한다면, 이는 이성주의가 생물학에 도입된 좋은 보기

일 것이다.

간질은 몸에 대한 뇌의 정상 조절이 방해를 받는 (아직 완전히 이해된 것은 아니지만) 뇌 기능 질환이다. 가벼운 경우, 환자는 인지 기능에 이상이 생겨 환각을 겪는다. 보다 심각한 경우, 근육이 갑자기 조절을 상실하여 간질 환자는 지면에 넘어지고, 고함을 지르고, 경련을 일으키고, 자신에게 심한 상처를 입히기까지 한다.

간질 발작이 오래 지속되진 않지만 겁나는 광경임은 분명하다. 신경계의 복잡성을 이해 못하는 구경꾼으로선 사람이 자유의지로 못 움직이고 자신에게 위해를 입히는 식으로 행동한다면, 이는 초자연적인 힘이 자신의 몸에 대한 조절 능력을 장악했음에 분명하다고 믿게 될 것이다. 간질은 '귀신 들린' 현상이었다. 초자연적인 존재가 관여하기 때문에 '신성한 질병'이었다.

히포크라테스는 기원전 400년경에 자신이 직접 저술한 〈신성한 질병에 관하여〉란 책에서 이러한 견해를 강하게 반박했다. 그는 질병을 신의 탓으로 돌리는 것은 쓸데없는 일이며 간질이라고 해서 예외일 수 없다고 주장했다. 모든 다른 질병처럼 간질에도 자연적인 원인이 있고 합리적인 치료법이 있을 것이다. 원인을 모르고 치료법이 불확실하다고 해서 이성주의를 포기할 일은 아니었다.

모든 현대 과학이 이러한 견해를 따라 향상될 것은 아니겠지만, 고집스럽게 생물학이 시작된 특정 연대, 특정 인물, 특정 저서를 찾는다면 기원전 400년, 히포크라테스의〈신성한 질병에 관하여〉를 언급해 두는 것도 나쁘진 않을 것이다.

아테네

일반적으로 그리스 생물학과 고대 과학은 아리스토텔레스(Aristoteles, 기원전 384-22)에서 일종의 정점에 달한다. 그는 그리스 북부 출신으로 알렉산더 대왕의 젊었을 때 선생님이었다. 아리스토텔레스의 전성기는 중년 무렵 그가 저 유명한 아테네 학당을 세워 학생들을 가르칠 때였다. 아리스토텔레스는 그리스 철학자 중 가장 다재다능하고 철저했다. 그는 물리, 문학, 정치에서 생물학에 이르기까지 거의 모든 주제에 대해 저술을 남겼다. 생명 없는 우주의 구조와 운행을 다룬, 물리학에 관한 저술이 후대에 이르러 가장 유명해졌지만, 이들은 사건이 증명하듯 거의 전적으로 틀린 것들이었다.

한편 그의 가장 소중한 취미는 생물학, 특히 해양생물에 관한 연구였다. 게다가 그의 과학 저술 중 최고의 걸작이었지만 후대에 가장 낮게 평가된 것도 그의 생물학 저서였다.

아리스토텔레스는 생물의 외양과 습성을 세심하고 정확하게 관찰하였다(이는 박물학임). 그 과정에서 그는 동물 약 500가지 종류 즉, 종의 목록을 작성하고 구분하였다. 목록 그 자체는 사소한 것일 수 있지만 그는 거기서 한 걸음 더 나아갔다. 그는 동물을 범주별로 나눌 수 있지만 나누는 일이 간단하고 쉬운 일만은 아님을 알았다. 예를 들어 육상동물을 네 발 가진 생물(짐승), 날고 깃털이 있는 생물(새), 그리고 나머지 잡다한 생물(벌레)로 나누는 일은 쉬웠다. 해양생물은 물고기의 표제하에 모두 묶을 수가 있었다. 그러나 그렇게 하면서 특정 생물이 어떤 범주에 딱 들어맞는지 판단하는 게 항상 쉬운 일은 아님을 알았다.

예를 들어 아리스토텔레스는 돌고래에 대한 조심스런 관찰을 통해 비록 돌고래가 겉모습과 서식지에서는 물고기를 닮았으나 여러 가지 중요한 점에서 물고기와 다르다는 것을 알았다. 돌고래는 허파가 있고 공기로 숨을 쉬며, 물고기와는 달리 계속 잠수해 있으면 익사한다. 가장 중요한 점은 새끼를 출산하며 출산 전에는 태반을 통해 새끼에게 영양을 공급한다는 것이다. 이 모든 점을 종합하면 돌고래는 털이 있는 온혈 육상동물과 유사하다. 이러한 유사성은 아리스토텔레스가 고래류(고래, 돌고래, 범고래)를 바다의 물고기와 함께가 아니라, 들판의 짐승과 함께 묶도록 만들기에 충분했다. 이런 점에서 아리스토텔레스는 시대를 2천년이나 앞섰다. 중세까지 돌고래를 물고기로 여겼기 때문이다. 아리스토텔레스는 또한 비늘 있는 물고기를 경골어류와 연골어류(상어 따위)로 구분한 점에서 꽤 현대적이었다. 이는 오늘날의 견해와 일치한다.

동물을 나누고 우주의 나머지 것들과 비교함으로써, 아리스토텔레스의 질서정연한 정신으로는 사물을 복잡성이 증가하는 순서대로 배열하지 않을 수가 없었다. 그는 점진적인 단계를 거쳐 자연이 창조의 정점에 서 있는 인간을 향해(인간의 생각 때문에) 진보 중이라고 여겼다. 우주는 네 개의 세계로 나눌 수 있다. 흙, 바다, 공기 등의 생명 없는 세계, 그 위의 식물계, 더 고등한 동물계, 그리고 꼭대기의 인간계이다. 생명 없는 세계는 존재할 뿐이지만, 식물계는 존재뿐 아니라 생식할 수 있고, 동물계는 존재, 생식에 덧보태어 움직일 수 있고, 인간은 생각까지 할 수 있다.

나아가 각 세계 내에는 다시 하위분류가 있다. 식물은 더 간단한 것과 더 복잡한 것으로 나눌 수 있다. 동물은 붉은 피가 있는 것과 없는 것으로 나눌 수 있다. 붉은 피를 갖지 않는 동물에는, 복잡성이 증가하는 순서로 해면동물, 연체동물, 곤충, 갑각류, 문어류(아리스토텔레스에 따름)가 있다. 붉은 피를 갖는 동물은 고등동물이고 어류, 파충류, 조류, 짐승이 이에 포함된다.

아리스토텔레스는 '생명의 사다리'에 분명한 경계가 없고 그래서 각 개별 종을 어떤 범주에 넣을지 정확하게 말할 수 없다는 것을 인식했다. 그가 보기에 식물은 생명의 속성을 겨우 갖고 있는 것 같았고 아주 단순한 동물(예를 들어 해면동물)은 식물 같았다.

아리스토텔레스는 어디서도 한 형태의 생물이 다른 형태의 생물로 천천히 변화할 수 있거나 고등생물이 하등생물의 자손일 수 있음을 내비치지 않았다. 이러한 개념은 현대 진화론의 열쇠이고 따라서 아리스토텔레스는 진화론자가 아니었다. 그러나 생명 사다리의 준비는 마침내 진화론으로 이끌기 마련인 생각의 기차를 필연적으로 출발시켰다.

아리스토텔레스는 동물에 관한 연구인 **동물학(Zoology)**의 창시자이지만, 그가 남긴 저술로 보면 식물은 거의 무시했다고 할 수 있다. 그의 사후 학당의 통솔권은 제자인 테오프라스투스(Theophrastus, 기원전 380-287)에게 넘어갔는데, 그는 스승의 부족분을 채웠다. 테오프라스투스는 식물에 관한 연구인 **식물학(botany)**을 열었고 저서 속에 약 500종의 식물을 기재하였다.

알렉산드리아

알렉산더 대왕의 페르시아 제국 정복 이후 그리스 문

화는 지중해 너머로 신속히 퍼져나갔다. 이집트는 프톨레마이오스(알렉산더 대왕 수하의 한 장군의 후손) 왕조의 통치를 받게 되었고 그리스인들은 새로 세워진 수도인 알렉산드리아로 모여 들었다. 프톨레마이오스 1세는 오늘의 대학에 해당하는 박물관을 알렉산드리아에 세워 운영했다. 알렉산드리아의 학자는 수학, 천문학, 지리학, 물리학 연구로 유명했다. 알렉산드리아의 생물학은 덜 유명했지만 일류 학자가 적어도 두 명은 있었다. 이들은 헤로필로스(Herophilus, 기원전 약 300년 활동)와 그의 제자 에라시스트라토스(Erasistratus, 기원전 약 250년 활동)이다.

기독교 시대에 이들은 해부학을 가르치기 위해 인체 해부를 공개적으로 행했다는 이유로 비난을 받았다. 그러나 유감스럽게도 이들은 그러지 않았을 가능성이 높다. 헤로필로스는 지성의 자리로 생각한 뇌에 적절한 관심을 기울인 최초의 인물이었다. (알크매온과 히포크라테스도 그렇게 믿었으나 아리스토텔레스는 아니었다. 그는 뇌가 혈액을 식히도록 고안된 장치에 불과하다고 생각했다.) 헤로필로스는 감각신경(감각을 받아들이는 신경)과 운동신경(근육의 운동을 유발하는 신경)을 구분할 수 있었다. 그는 또한 동맥과 정맥을 구분했고, 전자에는 맥박이 있으나 후자에는 없음에 주목했다. 그는 간, 비장, 눈의 망막, 소장의 첫 부위(오늘날의 '십이지장')에 대해 기술했다. 그는 또한 여성의 난소와 관련 기관 그리고 남성의 전립선에 대해서도 기술했다. 에라시스트라토스는 뇌의 연구에 덧붙여 뇌를 더 큰 '대뇌'와 작은 '소뇌'로 나눌 수 있음을 지적했다. 그는 특히 뇌의 주름진 모습(이랑과 고랑의 '대뇌주름')에 주목했고 이것이 다른 동물과 다른 인간의 현저한 특징임을 알았다. 따라서 그는 대뇌주름을 지성과 연관시켰다.

그러한 유망한 시작 후에 안타깝게도 생물학의 알렉산드리아 학파는 수렁에 빠져들고 말았다. 사실 모든 그리스 과학은 기원전 약 200년 이후 흐지부지되기 시작했다. 4세기 동안 번성했으나 그들 사이에 계속된 전쟁으로 인해 그리스인들은 자신의 에너지와 부를 무모하게 탕진하고 말았다. 그들은 처음에는 마케도니아, 나중엔 로마 자치령의 지배를 받게 되었다. 점점 더 학문적인 관심은 수사학, 윤리학, 도덕철학 쪽으로 향했다. 자연철학 즉, 이오니아인으로부터 시작한 자연에 관한 이성주의적인 연구를 외면하게 되었다.

특히 생물학이 피해를 입었다. 왜냐면 생물은 생명이 없는 우주보다 성스러운 것이고 따라서 이성주의적인 연구에 잘 안 맞는 주제라고 여겼기 때문이다. 인체 해부는 많은 이에게 절대적으로 틀린 일 같았고, 그래서 전혀 하지를 않았지만, 만일 한다면 먼저 여론에 의해 다음엔 법에 의해 즉시 제지를 받았다. 해부에 대한 반대 이유 중 일부는 내세의 적절한 영위를 위해 온전한 육체가 필요하다는 종교적인 신념(예를 들어 이집트인)에 있었다. 유태인과 기독교인 같은 다른 이에게는 신체가 신의 형상대로 지어졌고 따라서 자체로 신성한 것이기 때문에 해부는 신성모독이었다.

로마

그러므로 로마가 지중해를 지배한 세기는 생물학 진보의 긴 유예 기간에 해당한다. 학자들은 과거에 발견한 것들을 수집하고 보존하여 그것들을 대중에게 보급하는 것에 만족하는 듯했다. 그래서 아우루스 코넬리우스 켈수스(Aulus Cornelius Celsus, 기원후 30년 활약)는 일종의 과학

개론 강좌 속에 그리스 과학 지식을 수집했다. 의학 부문이 살아남아 근세 초기의 유럽인들에게 읽히게 되었다. 그는 그럴 자격이 있어서라기보다 그런 까닭에 의사로서 좀 더 유명해졌다.

로마 정복의 결과로 지평이 넓어지자 학자들은 이전의 그리스인들이 몰랐던 지역의 동식물을 수집할 수 있게 되었다. 로마군에서 근무한 그리스 의사 디오스코리데스(Dioscorides, 기원후 60년 활약)는 테오프라스투스를 능가하여 약 600종의 식물을 기재하였다. 그는 이들의 약효에 특별한 주의를 기울였고 따라서 그를 약에 관한 학문인 **약리학(pharmacology)**의 창시자로 간주할 수 있다.

그러나 박물학에서마저 백과전서주의가 일어났다. 박물학에서 가장 유명한 로마인은 흔히 플리니로 알려져 있는 가이우스 플리니우스 세쿤두스(Gaius Plinius Secundus, 기원후 23-79)일 것이다. 그는 박물학에 관한 한 고대 전문가들 사이에서 찾을 수 있던 모든 것을 정리하여 37권으로 된 백과사전으로 펴냈다. 이는 다른 이들의 책에서 베낀 거의 2차적인 것이었다. 그리고 플리니는 그럴듯한 것과 불가능한 것을 항상 구분한 것이 아니어서 그의 자료

중에는 대개가 아리스토텔레스에 근거한 꽤 사실적인 내용도 있었지만 어디에나 있는 미신과 믿기 어려운 이야기를 그대로 내버려 둔 것도 있었다.

게다가 플리니는 이성주의 시대의 퇴조를 대표한다. 여러 가지 동식물 종을 다룰 때 그는 인간과 관련한 역할에 주로 관심을 가졌다. 그의 견해로는 그 자체로 의미 있는 것은 없고, 사람의 먹거리이거나, 약이거나, 사람의 심신을 강건하게 할 목적의 위협이거나, (이 모두가 아니라면) 도덕적 교훈으로서 존재할 뿐이었다. 이는 초기의 기독교인들이 동조한 견해였고, 거기에 그의 상상에 대한 독자의 흥미 덕분에 플리니의 책들은 근대까지 살아남을 수 있게 되었다.

고대 세계 최후의 진정한 생물학자는 소아시아에서 태어나 로마에서 개업한, 그리스의 의사 갈레노스, 영어명 갈렌(Galen, 기원후 130-200)일 것이다. 그는 초반에 검투장에서 외과의사로 일했고 이는 의심할 여지없이 거칠지만 쓸 만한 정도로 그에게 인체 구조를 관찰할 기회가 되었을 것이다. 그 당시는 도착된 대중의 오락을 위해 잔인한 피범벅의 검투 경기를 해도 반대할 아무 이유가 없던 시대였지만, 과학적 목적으로 사체를 해부하는 것에는 이맛살을 계속 찌뿌리던 시대였다. 갈렌의 해부 연구는 주로 개, 양, 기타 동물의 해부에 의존할 필요가 있었다. 그는 원숭이와 인간이 유사하다는 것을 이미 알고 있었기에 기회가 닿았을 때 원숭이도 해부하였다.

갈렌은 방대한 저작을 남겼고 인체 여러 기관의 기능에 대한 상세한 이론을 생각해 내었다. 인체 그 자체를 연구할 기회가 주어지지 않았다는 점과 현대식 장비가 없었다는 점을 생각하면, 그의 이론 대부분이 오늘날 사실로 받아들여지고 있는 것과 상당 부분 다르다는 것을 이해 못 할 바도 아니다. 그는 기독교도가 아니었지만 유일신의 존재를 강하게 믿었다. 그리고 플리니처럼 그 또한 모든 것에는 만들어진 목적이 있으므로, 몸의 구석구석에서 신이 일한 표시를 찾아내야 한다고 믿었다. 이는 떠오르는 기독교의 견해에 부합하는 것으로서 사후 그의 인기에 대한 이유이기도 하다.

2장 중세의 생물학

암흑시대

로마제국 후반에 기독교는 지배적 종교가 되었다. 제국에 (혹은 서쪽 지역에) 게르만 민족이 대거 유입되었을 때 이들 역시 기독교도가 되었다.

그리스 과학은 기독교에 의해 말살되지 않았다. 왜냐면 기독교는 조용하고 잘 알려져 있지 않은 종파일 때도 거의 절멸 직전이었고, 그리스도 출생 이전에 이미 중병의 표시가 났기 때문이다. 그럼에도 불구하고 기독교의 우위는 수 세기 동안 과학의 부활에 불리하게 작용했다. 기독교의 견해는 이오니아의 자연철학에 꽤 반하는 것이었다. 기독교도의 마음에 중요한 세계는 보이는 세계가 아니었고, '신의 나라'는 계시에 의해서만 갈 수 있는 데다가, 성경과 해설서와 교회의 감화가 유일한 길잡이었기 때문이다.

자연법칙의 존재에 대한 믿음은 성도들을 위하여 신이 계속해서 기적적인 간섭을 하는 세계에 대한 믿음으로 바뀌고 말았다. 일부는 사물에 대한 연구가 성령에 관한 관심으로부터 기독교도의 마음을 멀어지도록 만드는 사악한 수단이라고까지 생각했다. 그런 견지에서 보면 과학은 마물이었다.

물론 이는 보편적인 견해가 아니었고 과학의 불빛은 이른바 '암흑시대'의 어둠 속에서도 희미한 불빛을 유지하고 있었다. 드물긴 했으나 학자는 세속적인 지식을 지키기 위해 애썼다. 예를 들어 영국인 비드(Bede, 673-735)는 고대인의 지식을 보존할 수 있는 한 보존하려고 했다. 그러나 이는 주로 플리니에서 발췌한 것들이었으므로 그가 보존한 것은 아주 고급스런 것이 아니었다.

아마도 과학의 불빛은 아랍인이 없었다면 꺼지고 말았을 것이다. 아랍인들은 7세기에 무함마드가 전도한, 기독교보다 젊은 종교인 이슬람을 받아들였다. 아랍인들은 메마른 반도에서 빠져나와 남서아시아와 북아프리카로 물밀듯이 퍼져나갔다. 무함마드 사후 1세기인 730년에는 이슬람교도(무슬림)들이 동으로는 콘스탄티노플, 서로는 프랑스의 변방에까지 달하게 되었다.

군사적으로나 문화적으로 이들은 유럽의 기독교도들에게 무시무시한 재앙으로 비쳤지만 결국 지적인 측면에서 혜택임이 판명되었다. 로마인처럼 아랍인들도 훌륭한 과학의 원조는 아니었다. 그럼에도 불구하고 그들은 아리스토텔레스나 갈레노스 같은 인물의 업적을 찾아내어 아랍어로 번역하고, 보존하고, 연구하여 해설서를 펴냈다. 가장 저명한 무슬림 생물학자는 라틴식 이름인 아비센나(Avicenna, 980-1037)로 흔히 알려져 있는 페르시아인 의사 아부 알리 알 후사인 이븐시나일 것이다. 아비센나는 켈수스의 책에서 수집한 자료와 히포크라테스의 의학 이론에 근거하여 많은 책을 저술했다.

그러나 그 무렵 적어도 서유럽에서 흐름이 바뀌었다.

기독교 군대가 수 세기 동안 무슬림의 지배하에 놓여 있던 시실리를 되찾았고 스페인은 되찾는 중이었다. 11세기가 끝날 무렵에는 서유럽의 군대가 소위 십자군 전쟁을 통해 근동에 밀어닥쳤다.

무슬림과의 접촉으로 인해 유럽인들은 적의 문화가 단지 악마의 것이 아니고 어떤 면에서는 본국에서의 자신들의 생활양식보다 뛰어난데다 세련된 것임을 인정하게 되었다. 유럽인 학자들에 의해 무슬림의 학식 탐구가 일어나 아랍의 과학 관련 서적을 번역하는 사업이 활발히 추진되었다. 무슬림 학자들의 도움을 받을 수 있었던, 새로이 되찾은 스페인에서 이탈리아 학자 크레모나의 제라드(Gerard of Cremona, 1114-87)는 히포크라테스와 갈레노스의 책 그리고 아리스토텔레스 책의 일부를 라틴어로 옮길 수 있었다.

독일인 학자 알베르투스 마그누스(Albertus Magnus, 1206-80)는 재발견한 아리스토텔레스에 흠뻑 빠진 사람 중 하나였다. 그의 가르침과 저술은 거의 아리스토텔레스 식이었다. 그는 그리스 과학의 초석을 다시 한 번 세움으로써 그 위에 마침내 더 많은 것을 쌓아올릴 수 있게 했다.

알베르투스의 제자 중 한 사람이 토마스 아퀴나스(Thomas Aquinas, 1225-74)이다. 그는 아리스토텔레스 철학과 기독교를 아우르기 위해 애썼고 그렇게 함으로써 크게 성공하였다. 아퀴나스는 생각하는 정신을 온갖 다른 것처럼 신이 준 것으로 여겼고, 참되게 생각한다면 인간은 기독교의 가르침에 어긋나는 결론에 도달할 리가 없다고 믿었다는 점에서 이성주의자였다. 이성은 따라서 사악하거나 해로운 것이 아니었다. 이리하여 드디어 이성주의 부활의 무대가 마련되었다.

르네상스

중세 후기에 이탈리아에서 해부 실습이 되살아났다. 해부 실습에 대한 여론은 여전히 좋지 않은 상황이었다. 그러나 볼로냐에는 유명한 법학대학이 있었는데 사인을 둘러싼 법적 논쟁은 사후 검시를 통해 해결하는 것이 최선인 경우가 많았다. 일단 정당화되기만 하면 의학 교육에서 해부 실습으로 가는 것은 쉬운 걸음이었다. (그 당시

볼로냐와 살레르노는 의과대학으로 이름이 나 있었다.)

해부 실습의 부활이 단번에 생물학에 새로운 지평을 연 것은 아니다. 처음에 해부의 주된 목적은 갈레노스와 아비센나의 책에 삽화를 넣는 데 있었다. 교수 자신은 연구하는 고상한 학자였고 실제 해부는 아랫사람의 손에 맡겨야 할 천한 일이었다. 교수는 강의만 했을 뿐, 그가 말한 내용이 실제와 부합하는지 알아보려 하지 않았고, 학자가 아닌 아랫사람은 교수의 기분을 상하지 않게 할 생각뿐이었다. 따라서 큰 실수가 오류 수정 없이 계속되어 버렸다. 갈레노스가 동물에서 발견하여 인간에게도 있을 것으로 추정한 특징이 인간에게서 '발견되었고', 반복된 끝에 드디어 인간에 존재하게 되었다.

이런 딱한 상황에 이례적인 이가 이탈리아의 해부학자 몬디노 드 루찌(Mondino de' Luzzi, 1275-1326)였다. 볼로냐 의과대학에서 그는 직접 해부를 하여 1316년에 전적으로 해부를 주제로 한 첫 책을 펴내기에 이른다. 그리하여 그는 '해부의 재건자'로 알려지게 되었다. 그러나 이는 해부학 재건의 가짜 새벽이었다. 몬디노에겐 과거의 잘못과 완전히 결별할 용기가 없었고, 그의 서술 중에는 자신의 두 눈으로 관찰한 것이 아니라 고서의 증거에 근거를 두고 있는 것이 일부 있었다. 게다가 그의 사후 아랫사람에 의해 해부가 다시 행해지게 되었다.

그러나 과학의 형식 영역 바깥에선 생물학 연구를 향한 새로운 움직임이 이탈리아에서 시작되었다. 고대 서적의 재발견을 통한, 또는 유럽문화 그 자체 내에서의 자연 발효를 통한 학문 부활의 기간을 '르네상스'라 일컫는다.

르네상스 동안 미술에서 새로운 자연주의가 빠른 속도로 성장했다. 화가들은 그림을 입체적으로 보이도록 만들기 위해 원근법을 적용했다. 일단 그런 일이 일어나자 미술의 자연 모방을 개선하기 위한 온갖 노력이 기울여졌다. 인물을 진짜처럼 보이게 하기 위해 피부의 윤곽뿐만 아니라 피부 밑 근육의 윤곽이며, 힘줄과 건, 뼈의 배열까지 (완전히 양심적인 화가라면) 연구할 필요가 있었다. 따라서 화가들은 아마추어 해부학자가 되지 않을 수 없었다.

화가-해부학자 중에서 가장 유명한 이는 아마 동물과 인체 모두를 해부한, 이탈리아의 레오나르도 다빈치 (Leonardo da Vinci, 1452-1519)일 것이다. 그에게는 관찰한 것을 최고 품질의 그림으로 그려낼 수 있는, 보통의 해부학자에게 없는 이점이 있었다. 그는 뼈와 관절이 배열되는 방식을 연구하고 나서 그림을 그렸다. 그렇게 함으로써 그는 겉모습의 차이에도 불구하고 말과 인간의 다리뼈가 얼마나 유사한지를 정확하게 지적해낸 최초의 사람이 되었다. 이는 겉모습이 다양한 많은 동물을 단단한 그룹으로 묶을 수 있고 나아가 진화론의 토대가 될 수 있었던 '상동성'의 보기였다.

레오나르도는 눈과 심장의 작동 방식을 연구하여 그림으로 그렸고 식물의 생활 또한 그런 방식으로 그렸다. 그는 인간의 비행을 가능하게 만드는 기계 발명에 흥미가 있었기에 대단한 관심을 갖고 새를 연구했고, 비행 중의 새 모습을 그림으로 남겼다. 그러나 그는 이 모두를 남이 알아보기 힘든 형태로 노트에 기록하였다. 그와 동시대인들은 근대가 되어서야 발견된 그의 업적에 대해 모를 수밖에 없었다. 그러므로 그는 과학의 진보에 영향을 끼치지 못했으며, 그러한 지식을 이기적으로 사장한 것은 비난 받을 만했다.

해부가 천천히 부활함에 따라 박물학도 부활했다. 유럽인에게 15세기는 '탐험 시대'의 새벽이었다. 유럽의 선

박들이 아프리카 해안에 출몰했고, 인도나 그 너머의 섬에까지 도달했고, 드디어 아메리카를 발견하였다. 마케도니아와 로마에 의한 정복 때 그랬듯이 듣도 보도 못한 새로운 종의 동식물들이 학자들의 호기심을 자극했다.

이탈리아의 식물학자, 프로스페로 알피니(Prospero Alpini, 1553-1617)는 이집트 카이로에서 베네치아 영사의 의사로 근무하고 있었다. 거기서 그는 대추야자를 연구할 기회를 얻어 암컷과 수컷 나무가 따로 있다는 것을 알게 되었다. 2천 년 전에 테오프라스투스가 알아낸 사실이기도 했지만 그 사이에 잊혀지고 말아 그 당시는 식물은 성이 없는 것으로 여기던 때였다. 또한 알피니는 커피나무를 기재한 최초의 유럽인이었다. 르네상스의 박물학은 스위스의 박물학자 콘라드 폰 게스너(Konrad von Gesner, 1516-65) 때에 이르러 전성기에 달했다. 그는 폭넓은 관심, 세계에 대한 호기심, 잘 속는 경향, 그리고 단순히 고서 발췌를 대량 축적하는 것이 보편적인 지식으로 가는 길이라고 믿었던 점 등에서 플리니우스와 흡사했다. 사실 그는 독일의 플리니우스로 불리기도 한다.

과도기

16세기가 시작되고 수십 년이 지나지 않아 유럽은 암흑기로부터 반등하여 그리스 생물학(그리고 일반적으로 그리스 과학)의 정점에 달했다. 그러나 그러한 추세는 유럽의 학자들이 그리스의 고서가 시작에 불과하다는 것을 깨닫지 않는 한 더 이어질 수가 없었다. 고서는 익히면 버려야 하는 것이지 마음의 족쇄가 되도록 간직하거나 떠받들 것이 아니었다. 몬디노의 사례는 고대로부터 벗어나거나 고대를 넘어서는 것이 얼마나 어려운 일인지를 여실히 보여준다.

고대로부터의 연결을 끊고 근대로의 생생한 이행을 위해서는 아마도 반 미친 허풍쟁이가 필요했을 것이다. 그러한 보기가 테오프라스투스 봄바스투스 폰 호헨하임(Theophrastus Bombastus von Hohenheim, 1493-1541)이라는 스위스 의사였다. 그의 아버지가 그에게 의술을 가르쳤고, 그에게는 방랑벽과 사물을 받아들이려는 마음이 있었다. 그는 여행을 하면서 동시대의 붙박이 의사로선 알 수 없는 많은 치료법을 입수하여 사람들이 자신을 놀라우리만치 박학다식한 의사로 믿게 만들 수 있었다.

그는 연금술에 흥미가 있었다. 연금술은 유럽인이 아랍인에게서 입수한 기술이고 아랍인은 앞서 알렉산드리아의 그리스인에게서 입수한 기술이다. 보통의 연금술사는 (노골적인 사기꾼이 아니라면) 오늘날의 화학자에 해당하지만, 연금술의 깜짝 놀랄 목표 두 가지는 적어도 연금술로는 성취될 턱이 없는 도깨비불이었다. 연금술사는 먼저 납과 같은 싼값의 비금속을 황금과 같은 귀금속으로 변화시킬 방법을 찾고자 했다. 다음으로 그들은 마른 물질—흔히 '철학가의 돌'로 알려진 것을 찾으려 했다. 이 물질을 어떤 이들은 영생불사로 이끄는 불로장생약과 만병통치약이라 생각하고, 다른 이들은 금속을 황금으로 바꿔 주는 매질이라고 생각하였다.

호헨하임이 황금을 만들려고 애쓴 흔적은 찾아볼 수 없다. 그는 연금술의 진정한 역할이 의사의 질병 치료를 돕는 데 있다고 믿었다. 그런 까닭에 그는 자신이 발견했다고 주장한 철학가의 돌 연구에 집중할 수 있었다. (그는 추호의 망설임도 없이 '돌'을 찾았으므로 자신이 영생하리라 장담했지만 안타깝게도 50을 넘기지 못하고 추락 사고로 죽고 말았다.) 호헨하임은 연금술 연구로 인해 광물을 이용한 치료에 관심을 가졌고—광물은 연금술 업계의 원료였으므로 고대인이 애호했던 약초를 상대적으로 무시하였다. 그리고 그는 고대인들을 맹렬하게 비난했다. 켈수스의 책이 번역된 지 얼마 안 되고 유럽의 의사들이 경전으로 떠받들고 있던 때였음에도 호헨하임은 스스로를 '파라켈수스'(켈수스보다 나은)라 불렀고, 그래서 후대에도 그러한 허영심 강한 이름으로 알려지게 되었다.

바젤에서 개업의로 있던 1527년에 파라켈수스는 자신의 의견을 가능한 한 공공연히 드러낼 목적으로 마을 광장에서 갈레노스와 아비센나의 책을 불태웠다. 이 사건으로 보수성향을 지닌 반대파 의사들에 의해 바젤에서 쫓겨나게 되지만, 그런 일도 그의 의견을 돌려놓을 수는 없었다. 파라켈수스가 그리스 과학이나 그리스 생물학을 파괴하지는 않았으나 그의 공격은 그 당시 학자들의 주목을 끌기에 충분했다. 그의 이론은 자신이 맹렬히 매도한 고대 그리스의 이론보다 나을 게 없었지만, 그 당시는 우상파괴가 필요했고 우상파괴 그 자체만으로 가치 있던 때였다. 고대인에 대한 그의 과격한 불경은 정통 사조의 기둥을 뿌리채 흔들기에 충분했고, 비록 그리스 과학이 당

분간 유럽인의 정신에 올죄기를 계속했지만 그 영향력은 눈에 띄게 약해져 가고 있었다.

3장 근대 생물학의 탄생

새로운 해부학

'과학혁명'의 시작을 기념하는 해는 1543년이다. 그 해에 폴란드의 천문학자 니콜라스 코페르니쿠스(Nicolaus Copernicus)는 태양이 중심이고 지구는 기타 행성들처럼 궤도를 따라 움직이는 행성에 불과하다는, 태양계에 대한 새로운 견해를 담은 책을 발간했다. 비록 새로운 견해의 승리를 천명하는 데는 1세기에 걸치는 힘든 싸움이 있었긴 해도, 이는 우주에 대한 고대 그리스의 견해(지구가 중심이라는)가 끝나간다는 것을 알리는 일이었다.

같은 해인 1543년에 두 번째 책이 발간되었는데 물리학에서 코페르니쿠스의 책이 그랬듯이 훗날 생물학에서 혁명적이라는 평판을 받게 된 책이었다. 이 두 번째 책은 〈인체의 구조에 대하여(De Corporis Humania Fabrica)〉인데, 저자는 벨기에의 해부학자 안드레아스 베살리우스(Andreas Vesalius, 1514-64)였다.

베살리우스는 갈레노스의 전통이 엄하게 살아 있던 네덜란드에서 교육을 받았으며 평생 갈레노스에게 최대의 존경을 표했다. 교육을 수료하고 이탈리아 여행을 했을 때, 그는 좀 더 자유로운 지적 분위기에 빠져들게 되었다. 몬디노 드 루찌가 버릇처럼 직접 해부를 했다는 것을 알게 된 그는, 두 눈으로 본 것이 고대 그리스의 견해에 부합하지 않을 때, 더 이상 고대 그리스의 견해를 허용하지 않게 되었다.

자신이 관찰한 것을 바탕으로 해서 출판한 그의 책은 세상의 인체 해부학 책 중 최초로 정확한 책이었다. 그 책은 두 가지 점에서 그 전의 책들과 크게 달랐다. 첫째, 인쇄술이 발견되어 사용 중이던 시대에 출판되었으므로 수천 권이 유럽 전역으로 팔려나갈 수 있었다. 둘째, 책에 삽화가 있었다. 게다가 화가 티티안의 제자인 칼카르(Jan Stevenzoon van Calcar)가 많은 것을 그렸기 때문에 책의 삽화는 탁월하게 아름다울 수밖에 없었다. 인체는 자연스런 자세로 그려졌고 근육의 삽화가 특히 좋았다.

그러나 책의 출현 이후 베살리우스의 삶은 불행해졌다. 그의 견해는 일부에게 이단으로 비쳤고 그의 공개적인 해부는 책을 통해 이미 공공연하게 광고된 확실한 불법 행위였다. 그는 결국 억지로 성지순례를 떠나야 했고 돌아오던 길에 조난사고를 당해 실종되고 말았다.

그러나 베살리우스 발 생물학 혁명은 코페르니쿠스 발 천문학 혁명에 비해 그 효과가 보다 즉각적이었다. 베살리우스가 책에서 주장한 것은 우주 속 거대한 지구의 운동처럼 믿기 어려운 어떤 것이 아니었다. 보려고만 한다면 얼마든지 혼자 힘으로 볼 수 있는, 그래서 고전의 내용이 어떻게 틀렸는지 확인할 수 있는 식으로 인체 장기의 모양과 배열이 표현되어 있을 뿐이었다.

고대 그리스의 해부학이 쇠퇴하고 새로운 이탈리아 해

부학이 유행하게 되었다. 가브리엘 팔로피오 또는 가브리엘로 팔로피우스(Gabriello Fallopio, 1523-62)[역주) 1]는 베살리우스의 제자로 이러한 새로운 전통을 이어받았다. 그는 생식계를 연구하여 난소에서 자궁으로 가는 관에 대해 기술했다. 이 관은 아직까지 '팔로피오관'(Fallopian tube)으로 불리고 있다.

또 한 사람의 이탈리아 해부학자 바르톨로메오 유스타키오 또는 유스타키우스(Eustachius, 1500-74)는 갈레노스 지지파이자 베살리우스 반대파였는데, 그 역시 인체를 살펴보고 자신이 관찰한 것에 대해 기술했다. 그는 귀에서 목으로 가는 알크매온의 관을 재발견했고, 이는 오늘날 '유스타키오관'(Eustachian tube)으로 불리고 있다.

해부학의 새로운 견해는 생물학의 타 분야로 파급되었다. 의사의 가벼운 손에 대한 히포크라테스의 믿음은 후세에 이르러 모진 치료법에 자리를 내주고 말았다. 그 당시의 상황이 워낙 미숙해서 근대 초기만 해도 수술은 의사의 관심사가 아니라 머리카락과 살을 자르던 이발사의 일거리였다. 이발사-외과의가 아마도 이론에 약했기 때

역주) 1 라틴어가 학문어였고 많은 학자들이 본명 외에 라틴식 이름을 쓰던 시대였다.

문에 과격한 치료에 심하게 의지했을 수 있다. 총상은 끓는 기름으로 소독했고 출혈은 붉게 달군 인두로 혈관을 지져 지혈했다.

프랑스 외과의 암브루아즈 파레(Ambroise Paré, 1517-90)는 그 같은 일을 개선했다. 그는 이발사의 도제로 생활을 시작했고 이발사-외과의로 군에 입대했는데, 그 끝에 놀라운 혁신을 일으켰다. 그는 총상에 부드러운 연고를 발랐고 동맥을 묶어 지혈했다. 초기의 통증을 가능한 한 줄였고 훨씬 더 빈번한 치료를 행했다. 그리하여 그는 '근대 수술의 아버지'로 더러 불리게 되었다.

파레는 교묘한 의족을 고안해 냈고, 산부인과의 기술을 개선했으며, 베살리우스 책에 대한 불어 요약본을 써서 라틴어 문맹인 다른 이발사-외과의들이 마구잡이로 잘라내기 전에 인체 구조에 대한 지식을 얻을 수 있도록 했다.

그리고 이윽고 해부학자가 강단에서 내려와 직접 해부를 행해야 했듯이, 의사도 학구적인 경멸을 버리고 허리를 굽혀 수술을 행하게 되었다.

혈액의 순환

신체 각 장기의 모양과 배열이 해부학의 주제라면, 이보다 다소 복잡한 문제가 이들 장기의 정상 기능에 대한 연구이다. 후자를 **생리학(physiology)**이라 한다. 고대 그리스인은 생리학을 발달시키지 못했고 대부분의 결론이 틀린 것이었다. 특히 심장의 기능에 관한 내용이 많이 잘못되어 있었다.

심장은 명백히 펌프로서 혈액을 뿜어낸다. 그러나 혈액은 어디서 와서 어디로 갈까? 초기의 고대 그리스 의사는 정맥을 유일한 혈관으로 생각하는 첫 번째 실수를 범했다. 시신에서 동맥은 흔히 속이 비어 있었으므로 동맥을 공기 관으로 생각하게 되었다. (그리스어로 '동맥'[artery]이란 말은 '공기 관'에서 생겼다.)

헤로필로스가 동맥과 정맥 모두가 혈액을 나른다는 것을 밝혔다. 두 혈관은 심장에서 합쳐졌으므로 심장에서 멀리 떨어진 끝에서 정맥과 동맥 사이의 연결을 찾아내기만 하면 문제가 깔끔하게 풀릴 것 같았다. 그러나 아무리 조심스럽게 해부학적으로 찾아보아도 정맥과 동맥은 점점 더 가느다란 관으로 갈라진 끝에 결국 안 보이게 될 뿐이었다. 둘 사이의 연결을 결국 찾을 수 없었다.

그리하여 갈레노스는 오른쪽에서 왼쪽으로 심장을 관통하여 혈액이 동맥에서 정맥으로 이동할 것이라고 제안했다. 혈액이 심장을 관통하기 위해서는 심장을 좌우 반반으로 나누는 두꺼운 근육으로 된 칸막이를 관통하는 작은 구멍이 있음에 틀림없다고 주장했다. 그러한 구멍이 결코 관찰되지 않았음에도 갈레노스 사후 17세기 동안 의사와 해부학자들은 거기에 있을 것으로 가정했다. (우선 한 가지 이유는 갈레노스가 그렇게 말했기 때문이다.)

새로운 시대의 이탈리아 해부학자들은 공공연히 말썽을 일으켜 감히 공표하지는 않았지만 그러한 가정을 의심하기 시작했다. 예를 들어 파브리치우스(Fabricius, 1537-1619) 또는 히에로니무스 파브리치는 큰 정맥에 판막이 있음을 발견했다. 그는 판막에 대해 정확하게 기술했고 작동 방식도 보여 주었다. 판막의 배열 방식으로 인해 혈액은 판막을 지나 심장 쪽으로 자연스레 흘러갈 수 있다. 정맥에서 혈액이 판막에 붙잡혀 갇히는 일이 일어나지 않는다면, 혈액은 심장에서 멀어지는 쪽으로 거꾸로 흘러가는 일이 일어날 수도 있다.

이로부터 얻은 가장 간단한 결론은 정맥 속의 혈액이 심장을 향해 일방향으로만 흐른다는 것이다. 그러나 이는 왕복운동을 한다는 갈레노스의 주장에 배치되는 것이어서 파브리치우스는 판막이 역류를 지연시킬 뿐이라고 제안하는 데 그치고 말았다.

그러나 파브리치우스에겐 보다 강인한 성격의 영국인 제자 윌리엄 하비(William Harvey, 1578-1657)가 있었다. 영국에 돌아간 후에도 심장 연구를 계속하여 (이전의 일부 해부학자들이 그랬던 것처럼) 심장에도 일방향의 판막이 존재함을 알아냈다. 혈액은 정맥에서 심장으로 들어오지만 판막으로 인해 정맥 속으로 되돌아갈 수 없다. 다시 혈액은 동맥을 거쳐 심장을 떠나지만 또 다른 일방향 판막의 존재로 인해 심장으로 되돌아갈 수 없다. 하비가 동맥을 묶자 심장을 향한 쪽이 혈액이 차서 불룩해졌고, 정맥을 묶었을 때는 심장에서 멀어지는 쪽이 불룩해졌다.

종합해 볼 때, 혈액은 조수처럼 움직이는 게 아니라 영원히 일방향으로만 움직인다는 것을 알 수 있었다. 혈액은 정맥에서 심장으로, 심장에서 동맥으로 흐르고, 결코 되돌아가는 일이 없었다.

더 나아가 하비는 심장이 한 시간에 펌핑하는 혈액의 양이 체중의 3배라는 것을 계산해냈다. 그렇다면 혈액이 그만한 속도로 생기고 부서진다는 것은 있기 어려운 일이었다. 따라서 동맥 속의 혈액은 너무 가늘어 보이지 않는 연결관을 통해 심장 바깥 어딘가에서 정맥 속으로 돌아와야 했다. (그러한 보이지 않는 혈관은 심장 근육 속에 뚫린 갈레노스의 보이지 않는 구멍에 비하면 나은 것이었다.) 일단 연결관을 가정하자 심장이 반복해서 동일한 혈액을 정맥–심장–동맥–정맥–심장–동맥–정맥–심장–동맥 순으로 펌핑한다는 것을 쉽게 알 수 있었다. 따라서 한 시간에 체중의 3배나 되는 혈액을 펌핑해도 놀랄 일이 아니었다.

1628년에 하비는 이러한 결론과 이를 뒷받침하는 증거를 불과 72페이지의 작은 책에 담아 발표하였다. 〈심장과 혈액의 움직임에 대하여(De Motu Cordis et Sanguis)〉란 제목으로 오자가 많은 채 네덜란드에서 인쇄되었다. 초라한 겉모습과 작은 크기에도 불구하고 그 책은 시대에 완벽하게 들어맞는 혁명적인 책이었다.

그 무렵은 이탈리아의 과학자 갈릴레오 갈릴레이(Galileo Galilei, 1564-1642)가 과학에서 실험의 가치를 대중화하고 있던, 그럼으로써 아리스토텔레스식 물리 체계를 철저히 파괴하고 있던 시기였다. 하비의 업적은 실험을 생물학에 적용한 첫 사례였고, 그럼으로써 갈레노스의 생리학 체계를 뒤엎고 근대 생리학을 확립한 사건이었다. (심장이 펌핑하는 혈액의 양에 대한 하비의 계산은 생물학에 수학을 적용한 첫 사례이기도 할 것이다.)

오래된 학파의 의사들은 하비를 격렬하게 비난했지만 사실을 당해낼 수는 없는 노릇이었다. 비록 동맥과 정맥 사이의 연결관을 못 찾긴 했으나 하비의 시대에 생물학자들은 이미 혈액이 순환한다는 사실을 널리 받아들이게 되었다. 그리하여 유럽은 고대 그리스 생물학의 한계를 마침내 넘어서게 되었다.

하비의 신 이론을 필두로, 생명에 대한 두 대립된 견해 사이에 새로운 논쟁의 장이 열렸다. 근대 생물학의 역사를 장식했고 아직도 완전히 해결된 것이 아닌 논쟁이다.

생명에 대한 한 견해에 따르면, 살아있는 것은 생명이 없는 물질과 본질적으로 다른 것이어서 살아있지 않은 것의 연구를 통해 생명의 속성을 알아낼 것이란 기대를 할 수는 없다. 간결하게 말해, 살아있는 것과 살아있지 않는 것을 위해 두 가지 자연법칙이 따로 존재한다는 견해이다. 이를 '생기론'(vitalism)이라 한다.

한편 생명이 고도로 특수화되긴 했으나 얼개가 덜 복잡한 우주 무생명계와 근본적으로 다른 것이 아니라는 생각을 할 수도 있다. 충분한 시간과 노력이 주어지기만 하면, 무생명 우주의 연구로부터 믿을 수 없을 만치 복잡한 기계인 생명체의 이해에 다가서는 충분한 지식을 얻을 수 있을 것이다. 이를 '기계론'(mechanism)이라 한다.

물론 하비의 발견은 기계론에 유리한 사례였다. 심장은 펌프로 간주될 수 있었고 혈액의 흐름은 생명이 없는 액체의 흐름에서 기대할 수 있는 대로 움직였다. 만약 그렇다면 어디에서 멈추겠는가? 생물의 심장 외 나머지는 복잡하게 맞물려 연동하는 기계 시스템에 불과할 것인가? 당대의 가장 유명한 철학자인 프랑스의 르네 데카르트(René Descartes, 1596-1650)는 몸이 기계 장치에 불과하다는 생각에 매력을 느꼈다.

적어도 인간의 경우, 그러한 견해는 그 당시의 보편적인 믿음에 반하는 위험한 것이었다. 그래서 데카르트는 인간의 육체 기계에 정신이 포함되지 않고 동물 같은 물리적인 구조물만이 포함된다는 것을 조심스레 지적했다. 정신에 관한 한 그는 생기론자로 남는 것에 만족했다. 데카르트는 육체와 정신 사이의 연결이 작은 조직 조각의 펜던트인 뇌의 '송과선'(pineal gland)을 통해 일어난다는 제안을 했다. 그는 인간에게만 송과선이 있다고 잘못 생각하여 그러한 믿음에 빠졌다. 그러나 그렇지 않다는 것이 곧 밝혀졌다. 송과선은 일부 원시 파충류에서 인간보다 더 발달되어 있다.

세밀한 부분에서 틀리긴 했지만 데카르트의 이론은 무척 파급력이 컸기에 기계론을 자세하고 확실하게 알리고자 한 생리학자가 적지 않았다. 그리하여 이탈리아의 생리학자 조반니 알폰소 보렐리(Giovanni Alfonso Borelli, 1608-79)는 근육-뼈의 조합을 지렛대 시스템으로 다룸으로써 근육의 작용을 분석한 내용을 죽고 난 이듬해에 책으로 펴냈다. 이는 유용했고 나무로 된 지렛대에 맞는 법칙은 뼈와 근육으로 된 지렛대에도 잘 들어맞았다. 보렐리는 유사한 기계론 원리를 다른 기관, 예를 들어 허파나 위에도 적용하려 했으나 이 경우에는 덜 성공적이었다.

생화학의 시작

물론 몸을 단순히 지렛대와 톱니바퀴의 시스템으로 생각하지 않더라도 얼마든지 기계로 간주해 볼 수 있을 것이다. 구성 성분의 순수한 물리적인 연동이 아니더라도 일을 해내는 여러 가지 방법이 있다. 예를 들어 화학 작용이 있다. 망치와 못을 써서 금속 조각에 구멍을 뚫을 수도 있지만 산의 작용을 통해 그럴 수도 있다.

생물을 대상으로 한 최초의 화학 실험은 하비와 동시대인이었던 플랑드르의 연금술사 장 밥티스트 반 헬몬트(Jan Baptista van Helmont, 1577-1644)가 했다. 반 헬몬트는 무게를 잰 토양 속에서 물만 주며 버드나무를 키웠다. 5년 후에 무게를 측정해 보니 버드나무는 164파운드(74kg) 늘었으나 토양은 고작 2온스(56g) 줄었을 뿐이었다. 이로부터 그는 나무의 물질이 주로 토양에서 유래하는 것이 아니라 (올바른), 물에서 유래한다고 (적어도 부분적으로는 틀린) 추론했다. 반 헬몬트는 불행하게도 공기를 계산에 넣지 않았는데 이는 그가 공기 비슷한 물질을 연구한 최초의 연금술사인 점을 생각하면 아이러니이다. 그가 '기체'라는 말을 만들었고, 자신이 '나무의 정기'(spiritus sylvestris)라고 부른 증기를 발견했다. 이것은 식물 생존의 주된 원료가 되는 것으로, 훗날 이산화탄소임이 밝혀졌다.

반 헬몬트의 생물의 화학, **생화학**(biochemistry)이라고 부르게 된 연구는 다른 이들의 손을 빌려 발전하고 성장했다. 초기의 열성적인 연구자로서 라틴명 실비우스(Franciscus Sylvius)로 잘 알려져 있는 드 라 보에(Franz de la Boe, 1614-72)를 꼽을 수 있다. 그는 기계론에 몰두한 나머지 몸이 화학적 장치에 불과하다는 극단적인 생각을 하기에 이르렀다. 예를 들어 소화란 화학적 과정이며 그 작동 방식은 발효에서 일어나는 화학적 변화와 크게 다르지 않다고 생각했다. 이는 올바른 생각인 것으로 판명났다.

그는 또한 신체의 건강이 화학적 구성 성분의 적절한 균형에 달려 있다고 생각했다. 이 점 또한 진실인 면이 없지 않다. 그러나 실비우스 당시의 부족한 지식으로는 그런 방향으로의 시작 외에 할 수 있는 게 더 이상 없었다. 실비우스가 생각할 수 있었던 것이라곤 질병이 산의 과부족으로 인해 생긴다는 정도였다.

현미경

하비 혈액 순환 이론의 최대 약점은 동맥과 정맥이 실제로 만난다는 것을 보여줄 수 없다는 데 있었다. 그는 연결이 존재하지만 너무 작아서 볼 수 없는 것으로 생각만 했을 뿐이다. 사망 당시에도 그 문제는 풀리지 않았고 인류가 육안에 의존하는 한 영구 미제로 남을 참이었다. 다행히도 그럴 필요는 없었다.

고대인조차 물로 채운 유리 공이나 곡면의 거울에 확대 기능이 있다는 것을 알고 있었다. 17세기 초가 되자 될 수 있는 한 배율을 높이기 위해 렌즈에 대한 실험이 개시되었다. 그 당시 사람들은 갈릴레오가 1609년 망원경을 천문학 관찰에 최초로 이용하여 거둔 대성공에 크게 고무되어 있었다.

차츰 확대 기구, 즉 현미경('작은 것을 보기 위한'이란 그리스어에서 유래)이 쓰이게 되었다. 눈의 한계를 넘어 인간의 시각을 전하는 장치에 힘입어 처음으로 생물학이 외연을 확장하게 되었다. 박물학자는 아주 작은 생물에 대해 세밀하게 기술하게 되었고, 해부학자는 눈에 안 보이는 구조물을 찾아내게 되었다. 모두 현미경 덕분이었다.

네덜란드의 박물학자 얀 스바메르담(Jan Swammerdam, 1637-80)은 현미경으로 곤충을 관찰하며 지냈는데, 그들의 미세 해부 구조를 아름다운 그림으로 남겼다. 그는 또한 혈액이 눈으로 보기에는 붉은 액체처럼 보여도 실은 균일한 액체가 아니며 혈액 안에는 붉은 색을 띠게 하는 작은 물체가 많이 있음을 발견했다. (이들이 적혈구임을 이제는 알고 있다.) 영국의 식물학자 니어마이아 그루(Nehemiah Grew, 1641-1712)는 현미경으로 식물, 특히 생식기관을 관찰하였다. 그는 식물이 만들어내는 꽃가루를 일일이 서술하였다. 네덜란드의 해부학자 흐라프(Regnier de Graaf, 1641-73)는 동물에 대해 유사한 연구를 했다. 그는 정소와 난소 속의 미세 구조를 관찰하였다. 특히 그는 난소의 어떤 작은 구조물에 대해 기술했는데, 이는 지금도 '그라프 난포'(Graafian follicle)로 불리고 있다.

이러한 관찰 중 가장 극적인 관찰은 이탈리아의 생리학자 마르첼로 말피기(Marcello Malpighi, 1628-94)에 의해 일어났다. 그 역시 식물과 곤충을 관찰했으나 초기의 연구 중에는 개구리 허파에 관한 연구도 있었다. 거기서 그는 모든 곳으로 연결되는, 너무 작아서 일일이 구분하기는 어려운, 복잡한 혈관망을 찾아냈다. 게다가 이 작은 혈관이 어떤 혈관과 합쳐지는지 추적하자 한 방향으로는 정맥과, 또 다른 방향으로는 동맥과 합쳐지는 것이 드러났다.

따라서 동맥과 정맥은, 하비가 말한 대로, 너무 작아 육안으로는 볼 수 없는 혈관망에 의해 연결되어 있었다. 현미경으로 봐야 보이는 이들 혈관에는 '모세혈관'(실제로는 머리카락보다 더 가늘지만, '머리카락 같다'고 하는 라틴어에서 유래한)이란 이름이 붙었다. 하비 사후 4년째인 1661년에 최초로 보고된 이 발견으로 인해 혈액순환 이론이 완결되었다.

그러나 현미경을 진짜 유명하게 만든 사람은 말피기가 아니라, 현미경이 단순한 취미이자 온 마음을 뺏는 취미였던 네덜란드의 상인 안톤 반 레벤후크(Anton van Leeuwenhoek, 1632-1723)였다.

말피기를 위시한 초기의 현미경 학자들은 단렌즈로는 불가능한 더 높은 배율을 얻기 위해 복합렌즈계를 시도했다. 올바른 결정이긴 했지만, 그들이 사용한 렌즈는 표면이 불규칙하고 내부에 흠집이 있어 불완전했다. 너무 높은 배율을 시도하면 윤곽이 흐릿해지고 말았다.

한편 반 레벤후크는 단렌즈를 썼다. 단렌즈는 작았기에 흠집이 없는 작은 유리조각으로 만들 수가 있었다. 그는 200배의 깨끗한 배율을 얻을 때까지 이 작은 렌즈를 세심하게 갈고 또 갈았다. 렌즈가 핀의 머리보다 작았던 경우도 있었지만 반 레벤후크의 목적엔 안성맞춤이었다.

그는 렌즈로 참 많은 것을 관찰하여 원래의 발견자인 스바메르담이나 말피기보다 더 세밀하고 훨씬 정확하게 적혈구와 모세혈관에 대해 기술할 수 있었다. 반 레벤후크는 올챙이 꼬리의 모세혈관을 통과하는 혈구도 실제로 보았는데, 요컨대 이는 하비 이론의 작동 사례를 본 것이었다. 그의 조수 중 한 명은 남성 정액 속의 올챙이 같은 작은 물체인 정자를 최초로 관찰하였다.

그러나 그의 가장 놀라운 업적은 단렌즈로 고인 도랑물을 관찰하여 육안에는 보이지 않지만 그럼에도 불구하고 생명의 모든 속성을 갖고 있는 듯한 아주 작은 생명체를 찾아낸 일일 것이다. 그가 '소동물'(animacule)이라 부른 그 작은 생명체는 오늘날의 '원생동물'(protozoa)이었다. 원생동물이란 이름은 '첫 동물'을 뜻하는 그리스어에서 유래했다. 그리하여 육안에 보이지 않을 만큼 작은 물체가 있듯이 그만큼 작은 생명체도 있다는 것이 자명해졌다. 사람들의 놀란 눈빛 앞에 새로운 생물학 분야가 넓게 펼쳐졌다. 너무 작아서 육안으로는 볼 수 없는 생물에 관한 연구인 **미생물학(microbiology)**이 생겨난 것이다.

1683년에 반 레벤후크는 원생동물보다 매우 작은 크기의 생물, 후에 세균(bacteria)으로 알려지게 될 생물을 언뜻 관찰하였다. 세균에 관한 그의 설명은 어쩔 수 없이 불분명했지만, 역사상 그가 처음으로 세균을 관찰한 것만은 확실한 것 같다.

장래에 갖게 될 중요성에 비추어 볼 때, 반 레벤후크의 업적에 견줄 만한 그 시대의 다른 유일한 발견은 영국 과학자 로버트 후크(Robert Hooke, 1635-1703)에 의한 것이었다. 그는 현미경에 매료되어 초기의 업적 중 최고의 것을 해냈다. 1665년에 〈Micrographia〉란 책을 출판했는데, 책 속엔 현미경으로 관찰한 아주 아름다운 그림들이 실려 있었다. 가장 중요한 단일 관찰물은 코르크 박편이었다. 코르크를 이루고 있는 작은 직사각형 방의 규칙성에 주목한 후크는 이들을 작은 방을 뜻하는 보통 말인 '세포'(cell)

라고 불렀는데, 이 발견은 훗날 중요한 의미를 갖게 된다.

현미경 관찰은 18세기 들어 현미경이 유효성의 한계에 다다르자 침체되어 갔다. 반 레벤후크의 첫 발견 이후 근 백 년이 지난 1773년이 되어 비로소 덴마크의 미생물학자 오토 프리드리히 뮐러(Otto Friedrich Müller 1730-84)가 각양각색의 모양과 형태를 기술할 수 있을 정도로 세균을 충분히 자세하게 관찰하였다.

초기 현미경의 한 가지 결점은 렌즈에 의해 백색광이 구성 색깔로 분해되고 마는 것이었다. 작은 물체 주위에 색의 고리(색수차)가 생기면 상이 흐려진다. 약 1820년에 더 이상 색의 고리가 생기지 않는 '색지움현미경'(achromatic microscope)이 고안되었다. 그리하여 19세기가 되자 현미경은 생물학의 새롭고 놀랄만한 발전 분야를 이끌게 되었다.

4장 생물의 분류

자연발생

17세기 중엽 현미경에 의한 발견으로 인해 생물과 무생물 간의 구분이 모호해지는 듯했다. 그러자 잠잠해지려던 의문이 다시 펼쳐졌다. 생명, 적어도 단순한 형태의 생명의 기원에 관한 의문이었다.

인간이나 몸집이 큰 동물이 어머니의 몸이나 어머니가 낳은 알로부터 생겨난다는 것은 쉽게 알 수 있었지만, 크기가 보다 작은 동물은 그렇게 알기 쉬운 일이 아니었다. 근대까지 벌레와 곤충 같은 생물이 썩어가는 고기나 기타 부패물로부터 생겨나는 것을 당연하게 여겼다. 생명 없는 것으로부터의 그러한 생명의 기원을 '자연발생'(spontaneous generation)이라 한다.

자연발생의 증거로 드는 고전적인 보기는 썩어가는 고기 위에서 구더기가 출현하는 것이었다. 이 작은 벌레 같은 생물이 죽은 고기에서 생겨나는 것이 분명해 보였기에 거의 모든 생물학자들이 이를 사실로 받아들이고 있었다. 그러나 하비처럼 그렇게 생각하지 않은 사람도 드물지만 있었다. 하비는 혈액 순환에 관한 그의 책 속에서 그런 작은 살아있는 것들은 아마 너무 작아 눈에 보이지 않는 씨앗이나 알에서 생길 것이라고 추측했다. (너무 작아서 보이지 않는 혈관의 존재를 가정할 수밖에 없던 생물학자로서 쉽게 떠올릴 수 있는 생각이었다.)

이탈리아의 의사 레디(Francesco Redi, 1626-97)는 하비의 책을 읽고 감명을 받아, 그 문제를 시험해 보고자 했다. 1668년에 그는 내부에 다양한 고기가 든 여덟 개의 플라스크를 준비했다. 네 개는 밀봉했고 나머지 네 개는 공기에 노출시켰다. 파리는 열린 용기 속의 고기에만 날아

앉을 수 있었고 그런 용기의 고기에서만 구더기가 생겨났다. 밀봉된 용기 속의 고기는 썩어갔고 악취를 풍겼지만 구더기가 생기지는 않았다. 레디는 밀봉하는 대신 용기를 거즈로 덮어 실험을 반복했다. 이제 공기는 자유로이 고기에 닿지만 파리는 접근이 차단된다. 이번에도 구더기는 생겨나지 않았다.

그러니까 구더기는 고기에서 생겨나는 것이 아니라 파리의 알에서 생겨나는 듯이 보였다. 이 시점에서 생물학자라면 자연발생의 개념으로부터 방향 전환을 꾀하는 것도 무리가 아닐 것이다. 그러나 레디 실험의 효과는 동시대 반 레벤후크의 원생동물 발견으로 퇴색되고 말았다. 결국 파리와 구더기는 사람에 비하면 단순하지만 꽤 복잡한 생물이었고, 원생동물은 큰 것이라 해도 파리의 알보다 작은, 극히 단순한 생물이었다. 그들이라면 확실히 자연발생으로 생겨날 것 같았다. 그 주장은 원생동물이 들어 있지 않은 영양액을 방치했을 때, 곧 작은 생물이 대량으로 나타난다는 사실에 의해 인정을 받는 듯했다. 자연발생의 문제는 18,9세기가 되자 더 격렬하고 더 큰 논쟁, 즉 생기론과 기계론 논쟁의 일부로 바뀌었다.

생기론 철학은 독일의 의사 게오르그 에른스트 슈탈(Georg Ernst Stahl, 1660-1734)이 분명하게 표현했다. 슈탈은 '플로지스톤'(phlogiston)에 관한 이론으로 유명하다. 플로지스톤은 물질 속에 존재하는 것으로 보이는, 불탈 수 있고 녹슬 수 있는 물질이다. 슈탈에 따르면 나무가 불타고 철이 녹슬 때, 플로지스톤은 공기 중으로 나가게 된다. 금속이 녹슬면 무게가 느는 것을 설명하기 위해 어떤 화학자들은 플로지스톤이 음의 무게를 갖는다고 제안하기도 했다. 그렇다고 하면 플로지스톤을 잃었을 때 무게가 늘 것이다. 이 이론은 화학자들에게 인기가 꽤 있었기에 18세기를 통틀어 대부분의 화학자가 이를 받아들였다.

그러나 슈탈의 방대한 저서 속에, 특히 그가 1707년에 출판한 의학 서적 중에 생리학에 대한 중요한 견해가 언급되어 있다. 그는 단호하게 생물이 물리학 법칙과는 전혀 다른 유형의 법칙의 지배를 받는다고 말했다. 그의 견해를 따르면, 무생물계에 대한 물리나 화학 연구를 통해서는 생물에 관해 배울 수가 없다. 이에 대해 반대 의견을 제시한 이는 당시의 가장 유명한 의사인(네덜란드의 히포크라테스로 불리기도 한) 네덜란드의 헤르만 보어하브(Hermann Boerhaave, 1668-1738)였다. 그는 자신의 의학서에서 신체에 대해 상세하게 논하면서 신체의 모든 활동이 어떻게 해서 물리와 화학 법칙을 따르는지 —기계론의 견해— 보이고자 했다.

생물계와 무생물계를 지배하는 법칙이 똑같다고 주장한 기계론자에게 미생물은 특별한 의미가 있었다. 이들은 생물과 무생물을 연결하는 다리처럼 보였다. 만약 미생물이 죽은 물질에서 생겨난다는 것을 보일 수 있다면, 그 다리는 완전해지고, 쉽게 건널 수 있는 다리가 될 것이었다.

마찬가지로 생기론의 입장에서 보면, 아무리 단순한 생물이라 해도, 생물과 무생물의 사이에는 결코 건널 수 없는 깊은 골짜기가 남아 있어야 했다. 엄격한 생기론의 견해에 의하면, 자연발생은 있을 수 없었다.

그러나 18세기에 접어들어 기계론자와 생기론자는 자연발생에 대해 한 목소리로 찬성하거나 반대하지 않았다. 종교가 한 몫을 했기 때문이다. 성경 속 어딘가에 자연발생이 언급되어 있다고 생각하고서, 신앙 면에 있어서 일반적으로 보다 보수적이었던 많은 생기론자들은 무생물로부터 생물이 생겨난다는 믿음을 지지할 필요를 느꼈다.

예를 들어 1748년 영국의 박물학자이자 가톨릭 사제였던 존 터버빌 니덤(John Turberville Needham, 1731-81)은 양고기 수프를 펄펄 끓인 뒤 코르크 마개를 한 시험관 속에 방치해 뒀다. 수일이 지나 국물에 미생물이 가득한 것을 발견했다. 니덤은 초기의 가열로 국물이 멸균되었다고 가정했기 때문에 미생물이 죽은 물질에서 생겨났고 적어도 미생물에 관한 한 자연발생이 입증되었다는 결론을 내렸다.

이러한 실험에 회의적인 사람은 이탈리아의 생물학자 라자로 스팔란차니(Lazzaro Spallanzani, 1729-99)였다. 그는 우선 가열 기간이 짧아 육즙을 멸균하기에 불충분했다고 생각했다. 그러므로 1768년 그는 30분에서 45분 동안 계속 펄펄 끓인 영양액을 준비했다. 그런 다음 플라스크를 밀봉했더니 이제 미생물이 나타나지 않았다.

이 실험은 결정적인 듯이 보였으나 자연발생의 신봉자들은 빠져나갈 구멍을 찾아냈다. 그들의 의견에 따르면, 공기 속에는 눈에 보이지 않는 미지의 '활력'(vital principle)

이란 게 있어 생명 없는 물질에 생명력을 불어넣어 줄 수 있다. 그런데 스팔란자니가 끓여서 그 활력을 파괴해 버렸다고 그들은 주장했다. 그래서 그 뒤 근백년 동안 이 문제는 미제로 남게 되었다.

종의 배열

자연발생에 대한 논쟁은, 어떤 의미에서는 생물을 무생물과 전혀 별개의 것으로 둘 것인지, 아니면 일련의 점진적 이행을 허용할 것인지 하는, 생물의 분류에 대한 논쟁이었다. 17세기와 18세기에 걸쳐 생물계 내에 존재하는 각종 생물을 분류하려는 시도가 발전에 발전을 거듭했는데, 이는 자연발생에 대한 논쟁보다 훨씬 심각한 논쟁, 19세기에 이르러 정점에 달한 논쟁의 출발점이 되었다.

우선 생물은 정확하게 정의하기가 무척 까다로운 말인 '종'(species)으로 나눌 수 있다. 대충 말하면, 종이란 생물의 어떤 그룹을 말하는데, 그 그룹의 구성원끼리는 자유로이 짝짓기할 수 있고, 그 결과 자신과 닮은 새끼를 낳을 수 있고, 그 새끼는 다시 자유로이 짝짓기하여 그 다음 세대를 만들어 낼 수 있다. 그러므로 모든 인간은 외견상의 차이가 무엇이든간에 단일 종에 속한다. 왜냐면 알려진 한 인간 남녀는 외견상의 차이에 관계없이 그들끼리 자유로이 결혼하여 자식을 낳을 수 있기 때문이다. 이에 비해 인도의 코끼리와 아프리카의 코끼리는 무심히 보면 흡사 같은 종의 동물처럼 보이지만 사실 별개의 종이다. 한 그룹의 수컷이 다른 그룹의 암컷과 짝짓기하여 새끼를 낳을 수 없기 때문이다.

아리스토텔레스는 동물 500종에 대해, 테오프라스투스는 많은 식물 종에 대해 목록을 작성한 바 있다. 그러나 그때 이후 2천년 동안 관찰을 계속하여 보다 많은 종이 밝혀졌고, 정복 전쟁 등으로 세상이 넓어졌을 때는 고대의 박물학자들이 전혀 본 적이 없는, 새로운 종류의 동식물에 대한 보고가 정말 홍수처럼 쏟아졌다. 1700년까지 수만 종의 동식물이 기재되었다.

종의 수가 한정된 목록을 작성할 경우라도 유사한 종은 한데 묶고 싶을 것이다. 누구라도 자연스레 예를 들면 두 종의 코끼리를 한데 묶을 것이다. 생물학자의 맘에 드는 방식으로 수만 종의 동식물을 체계적으로 묶을 방법을 찾아내기란 결코 쉬운 일이 아닐 텐데 그런 일을 시도한 최초의 사람이 있었으니, 그는 영국의 박물학자 존 레이(John Ray, 1628-1705)였다.

1686년에서 1704년에 걸쳐 그는 식물 18,600종이 기재된, 식물에 관한 3권짜리 백과사전을 펴냈다. 1693년에 식물만큼 대규모는 아니었지만 동물에 관한 책을 준비하면서 그는 동물의 종들을 그룹 속에 한데 묶는 논리적인 분류법을 만들어내고자 했다. 그는 그룹의 기준을 발가락과 이빨에 주로 두었다.

예를 들어 그는 포유류를 발가락이 있는 것과 발굽이 있는 것의 두 가지 큰 그룹으로 나눴다. 그는 다시 발굽 동물을 한 발굽류(말), 두 발굽류(소), 세 발굽류(코뿔소)로 나눴다. 그리고 두 발굽 포유류를 다시 되새김질을 하며 영구적인 뿔을 갖는 종류(염소), 되새김질을 하며 매년 탈락하는 뿔을 갖는 종류(사슴), 되새김질을 안 하는 종류(돼지)의 세 가지 그룹으로 나눴다.

레이의 분류 체계가 오래가지는 않았지만 분류 및 하위 분류라는 재밌는 특징이 있었다. 그리고 이 특징은 뒤를 이은 스웨덴의 박물학자 칼 본 린네(Carl von Linne,

1707-78), 라틴명 카로루스 린나에우스(Carolus Linnaeus)에 의해 더욱 발전하게 되었다. 그 당시 이미 알려져 있던 생물의 종 수는 최소 70,000이었는데, 1732년에 린네는 북부 스칸디나비아를 (생물이 살기 좋은 서식지는 아닌) 여기 저기 4,600마일(환산 7,360km)이나 두루 여행하여 짧은 시간 안에 100종이나 되는 신종 식물을 발견한 일도 있었다.

여전히 대학에 적을 둔 채 린네는 식물의 생식기관 연구를 계속하여 생식기관이 종마다 다르다는 것을 알아낸 후, 이에 근거하여 새로운 분류 체계를 만들고자 결심하게 된다. 시간이 지남에 따라 계획의 규모가 확대되어 드디어 1735년 〈자연의 체계(System Naturae)〉를 출판하였다. 이 책에서 그는 오늘날 사용하고 있는 분류 체계의 원조격인, 종의 새로운 분류 체계를 확립하였다. 그런 까닭으로 린네를 생물 종의 분류에 관한 연구인 **분류학**(taxonomy)의 창시자라 한다.

린네는 유사한 종을 '속'(genera, 단수는 genus, 인종이란 뜻의 그리스어에서 유래) 속에 한데 묶었다. 유사한 속은 '목'(order) 속에 한데 묶었고, 유사한 목은 '강'(class) 속에 한데 묶었다. 모든 기존의 동물 종은 6개의 강 속에 한데 묶었다. 포유류, 조류, 파충류, 어류, 곤충류, 벌레류이다. 이들 동물 6대 분류군은 2천년 전의 아리스토텔레스 것만 못했지만, 체계적인 분류 및 하위분류로 인해 만회할 수 있었다. 단점은 후에 충분히 쉽게 보완되었다.

린네는 각각의 종에 이중의 라틴명을 붙였다. 처음은 종이 속한 속명, 다음은 종명이다. 이러한 형식의 '이명

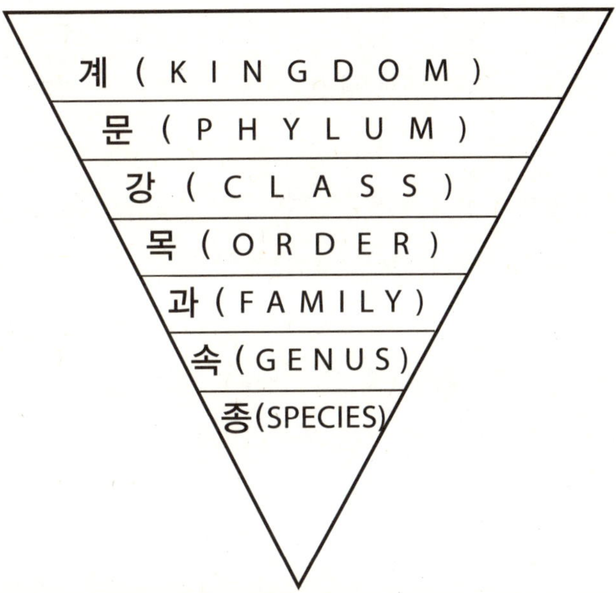

그림 1. 위에서 아래로, 계에서 종까지의 주요 분류 단계를 보이는 그림. 분류학자는 생물을 분류 단계 속의 적절한 장소에 놓게 된다.

법'(binomial nomenclature)은 지금껏 쓰이고 있으며, 이명법 덕분에 생물학자들은 생물에 대한 국제 공용어를 갖게 되어 숱한 혼란을 피할 수 있었다. 린네는 인류에까지 공식명을 붙였는데, 이는 지금껏 쓰이고 있는 이름인 호모 사피엔스(Homo sapiens)이다.

•

진화로의 접근

대규모 그룹에서 시작하여 차츰 소규모로 나누는 린네의 분류는 글자 그대로 '생명수'(tree of life)처럼 보였다. 그런 나무 그림을 보고 있노라면 아무리 도해라 해도 그러한 배열이 순전히 우연일까 하는 의문이 드는 것을 피할 수 없다. 밀접하게 연관된 두 종은 공통 조상에서 생겨난 것이 아닐까? 밀접하게 연관된 두 조상은 다시 훨씬 더 고대의 원시 조상으로부터 생겨난 것이 아닐까? 요컨대, 린네가 생각해낸 구조는 해를 거듭함에 따라 진짜 나무처럼 자라는 게 아닐까? 이러한 가능성을 둘러싸고 생물학 역사상 가장 치열한 논쟁이 벌어졌다.

성경 말씀을 곧이곧대로 믿은 독실한 신도였던 린네

자신에게 이러한 가능성은 저주에 가까웠다. 그는 모든 종이 개별적으로 창조되어 신의 섭리에 의해 살고 있으므로 어떠한 종의 멸종도 허락될 리가 없다고 주장했다. 그의 분류 체계에는 이러한 믿음이 깔려 있었다. 왜냐면 분류 체계가 지나치게 생물의 외관에 근거하고 있었고, 생물 간에 있을 수도 있는 관계를 전혀 고려하지 않았기 때문이다. (그것은 마치 귀가 길다는 이유만으로 당나귀, 토끼, 박쥐를 하나의 범주에 묶는 식이다.) 종 사이에 아무 관계도 없다고 하면, 어떻게 묶든 문제될 것이 없다. 어떠한 배열이든 똑같이 인위적이라고 하면, 누구든 가장 편리한 쪽을 선택하기가 쉬울 것이다.

그럼에도 불구하고 린네는 다른 이들이 '진화'(evolution, 말 자체는 19세기 중엽 이후에 비로소 통용)의 과정을 암시하거나 가정하는 일까지 막을 수는 없었다. 진화의 과정에서 하나의 종은 다른 종에서 생겨나고, 그러면 종 사이에는 타고난 관계가 존재하게 되고, 이 관계는 사용 중인 분류체계에 반영되어야만 했다. (훗날 한 발 물러선 린네는 교잡을 통해 신종이 생겨날 수도 있다는 제안을 하기에 이른다.)

태평인 데다가 보수적이고 신중했던 프랑스의 박물학

자로서 자연발생에 관한 훗날의 니덤 실험(66페이지 참조)에 참여하기도 했던, 뷔퐁(Georges Louis Leclerc, Comte de Buffon, 1707-88)마저 당시의 정설에 반기를 들고 진화를 제안하지 않을 수 없었다.

뷔퐁은 박물학에 관한 44권으로 된 백과사전을 썼는데, 이는 과거 플리니의 백과사전처럼 그 당시 인기가 좋았으나 잡다한 내용을 담고 있는 것이었다(비록 훨씬 정확하긴 했지만). 책에서 그는 일부 생물에게 쓸모없는 부분(흔적기관)이 있음을 지적했다. 예를 들면 돼지의 큰 두 발굽의 양쪽에 있는 오그라진 발가락이다. 이들은 한 때 크기가 보다 컸고 쓰임새도 있었지만 시간이 지남에 따라 오그라들게 된 발가락이 아닐까? 온몸의 경우에도 똑같은 일이 일어나는 게 아닐까? 원숭이는 퇴화된 인간, 당나귀는 퇴화된 말이 아닐까?

영국의 의사 에라스무스 다윈(Erasmus Darwin, 1731-1802)은 린네의 분류 체계를 적용해 식물학과 동물학을 다룬 긴 시를 남겼다. 시를 통해 그는 환경의 영향을 받아 종이 변화할 수도 있다는 생각을 내비쳤다. 그러나 이러한 견해는 에라스무스 다윈이 진화론을 정점으로 이끈

찰스 다윈의 할아버지란 사실만 아니면, 의심할 여지없이 오늘날 잊혀지고 말았을 것이다.

뷔퐁 사후 이듬해인 1789년 프랑스 대혁명의 발발은 유럽을 송두리째 흔들어 놓았다. 변혁의 시대가 도래했고 오래된 가치들은 산산조각이 나 두 번 다시 회복되는 일이 없었다. 왕과 교회를 궁극의 권위로 손쉽게 받아들이던 일은 이 나라 저 나라에서 잇달아 사라졌고 이전이라면 이단시했던 과학 이론도 마음 놓고 제안할 수 있게 되었다. 그런데 생명계에 대한 뷔퐁의 견해는 진화론을 광범위하게 다룰 필요가 없다는 것이었다. 그러나 수십 년 후의 다른 박물학자인 라마르크(Jean Baptist de Monet, Chevalier de Lamarck, 1744-1829)는 진화를 꽤 상세하게 다루는 것이 바람직하다고 생각했다.

라마르크는 린네 분류의 첫 4강(포유류, 조류, 파충류, 어류)을 몸 속에 척추, 즉 등뼈를 가진 동물인, '척추동물'로 한데 묶었다. 나머지 2강(곤충과 벌레)에는 '무척추동물'이란 이름을 붙였다. (비록 이렇게 둘로 나누는 분류가 급속히 린네 분류를 대체했지만, 린네 분류는 그 후에도 한동안 일반인들 사이에 통용되었다.) 라마르크는 벌레와 곤충의 두 강이 이질적이어서 정리가 필요한 상태임을 알았다. 이들을 붙들고 씨름한 끝에 더 정돈된 상태로 바꿀 수가 있었다. 그리하여 이들의 분류를 아리스테텔레스 분류에 버금가는 수준으로까지 또는 그 이상으로 끌어올렸다. 그리고 그는 예를 들어 발 여덟 개의 거미가 발 여섯 개의 곤충과 함께 분류되어서는 안 되고, 바닷가재는 성게와 함께 묶으면 안 된다는 것을 알고 있었다.

1815년과 1822년 사이에 라마르크는 마침내 근대 무척추동물학의 기반이 된 〈무척추동물의 박물학〉이라는 7권짜리 대작을 출판했다. 이 책에서 진화의 가능성을 예감한 그는 진화에 대한 생각을 보다 정리하여 이르게는 1801년에, 보다 상세하게는 1809년에 〈동물 철학〉이라는 책으로 출판하였다. 라마르크는 동물의 기관은 한 평생 쓸수록 능률이 좋아지고 안 쓸수록 퇴화되며, 기관에 일어난 변화가 새끼에게 전달될 수 있다고 생각했다. (이를 흔히 '획득형질의 유전'이라 한다.)

그는 그 당시 발견된 지 얼마 안 된 기린을 예로 들어 자신이 말하고자 하는 바를 설명했다. 나뭇잎을 뜯어먹기 좋아한 원시의 영양은 높은 곳의 잎에 닿기 위하여 전력을 다해 목을 뻗었을 것이다. 혀며 다리도 뻗었을 것이다. 이들 몸의 부분들은 그 결과로 약간 늘어났을 것이고, 라마르크의 생각에 의하면, 늘어난 그 만큼이 다음 세대에 전해졌을 것이다. 새로운 세대는 늘어난 부분들을 갖고 시작했을 것이고 더욱 멀리 뻗게 되었을 것이다. 그런 식으로 해서 영양은 조금씩 기린으로 바뀌었을 것이다.

획득형질이 유전될 수 있다는 증거가 없었기 때문에 라마르크의 이론은 오래 버티지 못했다. 사실 수집할 수 있던 모든 증거는 획득형질이 유전되지 않는다는 것을 가리켰다. 획득형질이 유전될 수 있다고 하더라도 그것은 늘어나는 목의 경우처럼 수의적인 긴장(voluntary stress)을 행할 수 있는 형질에만 해당이 될 것이다. 그러나 보호위장 역할을 하는 피부의 얼룩무늬라면 어떨까? 그건 영양의 민무늬 가죽으로부터 어떻게 생겨날 수 있었을까? 조상 기린이 과연 얼룩무늬가 되려고 애쓸 수 있었을까?

라마르크는 아무도 돌보지 않는 가운데 가난하게 죽었고 그의 진화 이론도 무시되고 말았다. 그러나 그로 인해 그래도 문이 열렸다. 진화는 잠시 물러섰을지 모르지만, 전쟁터의 한 가운데로 들어갔다는 사실이 보다 중요했다. 앞으로 더 싸울 기회가 기다리고 있었다.

지질학적 배경

진화론으로 가는 길목에 서 있던 주요 장애물은 종 변화가 얼핏 보기에 느리게 일어난다는 점이었다. 인류의 기억 속에 종이 다른 종으로 바뀐 경우란 없었다. 만약 그런 변화가 일어난다고 하면 수십만년의 시간을 필요로 하는, 대단히 더딘 과정임에 틀림 없을 것이다. 중세와 근대 초기 내내 유럽의 학자들은 성경 말씀을 받아들여 지구 나이가 불과 6천살에 불과하여 진화가 일어날 시간 따위는 도무지 없었다고 생각했다.

1785년에 변화가 찾아왔다. 취미 삼아 지질학을 시작한 스코틀랜드의 의사 제임스 허턴(James Hutton, 1726-97)이 〈지구의 이론〉을 펴냈을 때다. 책에서 그는 물, 바람, 기후가 지구의 표면을 서서히 변화시키는 방식을 자세하게 다뤘다. 그리고 이들 작용이 항상 똑같은 과정과 똑같은 속도(동일과정설, the uniformitarian principle)로 진행된다고 주장했다. 다시 그는 산 쌓아올리기와 강 협곡 파내기 같은 거대한 변화를 설명하기 위해서는 엄청난 시간이 필요하다는 것을 지적했다. 그러므로 지구의 나이는 수백만년이 되어야 했다.

지구의 나이에 대한 이러한 새로운 견해는 당장 심한 반대에 부딪쳤지만, 생물학자의 마음을 빼앗기 시작한 화석에 대한 이해에 도움이 된 것은 인정해야 할 것이다. '화석'이란 말은 '땅 파기'를 뜻하는 라틴어에서 유래했고, 원래는 땅에서 파낸 모든 것에 쓰던 말이었다. 그러나 파낸 것 중 대개 호기심을 자극한 것은 생물과 닮은 구조를 가진 듯한, 돌로 된 물체였다.

돌이 우연히 생물을 닮게 되었을 것 같진 않으므로, 대개의 학자들은 한 때 살아있던 것이 웬일인지 돌로 바뀌었을 것이라고 생각했다. 화석이 노아의 홍수 때 죽은 생물의 흔적이라고 생각한 사람들이 많았다. 그러나 만약 지구의 나이가 허턴이 말한 대로라면, 화석은 그 주위의 흙 속에 파묻힌 채 생체 물질이 서서히 돌 물질로 바뀐, 극히 오래된 고대의 흔적에 틀림없을 것이다.

그러던 때에 화석에 대한 새로운 견해를, 원래는 측량사였던 영국의 지질학자 윌리엄 스미스(William Smith,

1769-1839)가 제시하였다. 그는 수로를 위한 길을 측량하다가 (그때는 온통 수로 공사 중이었다) 출토물을 볼 기회를 얻게 되었다. 그러다가 평행한 층, 즉 '지층'이 달라지면 거기에 배열되는 암석의 종류와 형태도 달라진다는 것에 주목하게 되었다. 게다가 각 지층에는 다른 지층에서 볼 수 없는, 고유한 형태의 화석이 존재한다는 것도 알게 되었다. 아무리 지층이 구부러지고 일그러져도, 안 보이게 되거나 수 킬로미터 밖에서 다시 나타날 때마저도, 고유한 화석은 여전히 유지되고 있었다. 마침내 스미스는 화석 내용물만 보고서도 지층을 알아맞힐 수가 있었다.

허턴의 견해가 옳다고 한다면, 지층은 생긴 순서대로 놓이게 될 것이고, 깊이 놓여 있을수록 더 오래된 지층이라고 생각할 수 있게 될 것이다. 화석이 정말로 한때 살아있었던 생물의 흔적이라면, 그들이 살았던 순서는 화석이 발견되는 지층의 순서로 정할 수가 있을 것이다.

화석은 특히 프랑스의 생물학자 퀴비에(Georges Leopold Cuvier, 1769-1832)의 주목을 끌었다. 퀴비에는 생물의 해부 구조를 조사하고, 신중하게 비교하여, 유사점과 차이점에 체계적으로 주목함으로써 비교해부학의 기반을 마련했다. 이러한 연구를 통해 퀴비에는 한 부분이 다른 부분과 맺는 관계에 대해 아주 잘 학습할 수 있었고, 그 결과 일부 뼈의 존재로부터 다른 뼈의 모양이며 그 뼈에 부착되는 근육에 대해 추측해낼 수 있는 정도가 되었다. 결국 그는 소수의 부분으로부터 전체 생물을 비슷하게나마 재구성해낼 수 있었다.

비교해부학자가 종의 분류에 관심을 갖는 것은 자연스런 일일 것이다. 퀴비에는 린네의 강을 더 큰 그룹으로 묶음으로써 린네의 분류 체계를 확장했다. 라마르크가 했던 대로 하나의 그룹에는 '척추동물'이란 이름을 붙였다. 그러나 퀴비에는 나머지 모두를 무척추동물로 한데 묶지 않았다. 대신 그는 세 가지 그룹으로 나눴다. 체절동물(곤충과 갑각류처럼 외피가 있고 관절이 있는), 연체동물(조개와 달팽이처럼 관절은 없고 외피가 있는), 방사동물(나머지 모두)의 셋이었다.

이들 큰 그룹을 그는 '문'(phyla, 단수는 phylum, 부족을 의미하는 그리스어에서 유래)이라 명명했다. 퀴비에 이후로 문의 수가 차츰 늘어나 지금은 동식물 포함해서 약 36문에 이른다. 특히 척추동물문이 커져 척추가 없는 원시동물까지 포함하게 되었고, 이들은 이제 '척삭동물'(chordata)로 불리고 있다.

그리고 비교해부학에 대한 관심 때문에 퀴비에는 자신의 분류 체계의 근거를 린네가 택한 외관상의 유사점이 아닌, 구조와 기능의 관계를 보이는 특징들에 두었다. 퀴비에는 자신의 분류 체계를 주로 동물에게 적용했지만 1810년 스위스의 식물학자 캉돌(Augustin Pyramus de Candolle, 1778-1841)은 식물에게까지 적용했다.

퀴비에는 자신의 분류 체계를 화석의 분류로까지 확대하지 않을 수 없었다. 부분으로부터 전체 생물을 복원할 수 있었던 그의 경험에서 봤을 때 화석은 생물의 단순한 닮은꼴이 아니었다. 이들에게는 분명 그가 정한 이런 저런 문에 둘 수 있는 특징들이 있었다. 그는 심지어 화석을 분류해 특정 문의 하위 그룹에 넣을 수도 있었다. 따라서 퀴비에는 생물학 지식을 먼 과거로까지 넓히는 **고생물학(paleontology)**을 확립했다.

퀴비에가 보기에 화석은 종의 진화에 대한 기록을 보여주는 듯했다. 깊은 지층의 오래된 화석일수록 현존 생물과 크게 달랐다. 그리고 일부 화석은 점진적인 변화를 보이는 방식으로 차례대로 배열하는 것이 가능해 보였다.

그러나 퀴비에는 진화의 가능성을 받아들일 수 없는 독실한 신도였다. 대안으로 그는 지구가 비록 오래되긴 했지만 모든 생물이 사라진 격변이 주기적으로 일어났다는 견해를 채택했다. 그러한 격변이 있을 때마다 이전에 존재했던 생물과는 전혀 다른, 새로운 생물이 출현했다. 사람을 포함한 지금의 생물들은 가장 최근 격변 이후에 창조된 것들이다. 이러한 진화 과정에 따르면 화석은 설명할 필요가 없었고, 최후 격변 이후의 사건에만 들어맞는 성경 이야기도 다치지 않게 보존할 수 있었다.

퀴비에의 생각으로는 알려진 화석 분포를 설명하기 위해 네 번의 격변이 필요했다. 그러나 더 많은 화석이 발견됨에 따라 사태가 복잡하게 되어 일부 퀴비에 문하생은 결국 27회나 되는 잦은 격변을 가정해야 했다.

그러한 '격변설'(catastrophism)은 허턴의 동일과정설과 일치하는 것이 아니었다. 1830년 스코틀랜드의 지질학자 찰스 라이엘(Charles Lyell)은 3권으로 된 〈지질학의 원리〉를 출판했다. 책에서 그는 허턴의 견해를 널리 알렸고 또 지구에 점진적인 변화만 일어났을 뿐 격변이 없었다는 증거를 열거했다. 그리고 이어진 화석 연구들은 확실히 라이엘의 주장을 뒷받침했다. 지층 기록 속에 모든 생물이 절멸한 시점은 전혀 없는 듯했다. 격변이 짐작되는 시기마다 일부 생물이 살아남았다. 정말 현재의 일부 생물은 수백만 년 동안 사실상 변하지 않은 채로 있다.

격변설은 퀴비에 문하생들 사이에서, 특히 프랑스에서 잠시 지지를 받았지만 라이엘의 책이 나타나고부터는 꺼져가는 믿음이 되었다. 격변설은 진화론에 맞선 최후의 과학적 저항이었는데, 그것마저 무너지자 어떤 형태로든 진화 개념을 공식화할 필요성이 생겨났다. 19세기 중엽이 되어 진화론의 발전 조건이 무르익을 대로 무르익었고 발전을 일으킬 사람도 드디어 등장하게 되었다.

5장 화합물과 세포

기체와 생명

종에 대한 분류가 성공적으로 진행되고 있는 동안 생물학의 극히 성과 있는 새로운 방면이 확장되고 있었다. 화학 연구에 혁명이 일어나고 있었다. 화학자들이 무생명계뿐 아니라 생물에도 자신의 기술을 적용하기 시작했다. 이것이 해야 할, 이치에 닿는 일임은 소화에 대한 초기의 한 실험으로 명백하게 입증되었다.

소화는 연구가 비교적 쉬운 동물 신체의 한 기능이다.

소화는 동물 조직 자체 내가 아니라, 입을 거쳐 접근할 수 있는, 외부로 연결되어 있는 소화관 내에서 일어난다. 17세기가 되자 보렐리의 제안대로(52페이지 참조) 소화가 위의 파쇄 작용을 포함하는 물리적 과정인지, 아니면 실비우스의 제안대로(54페이지 참조) 위액의 발효 과정을 포함하는 화학적 과정인지에 대한 문제가 진지하게 제기되었다.

프랑스의 물리학자 레무어(Antoine Ferchault de Réaumur, 1683-1757)는 이를 검증할 방법을 생각해내었다. 1752년에 그는 양쪽 끝이 열린 작은 금속 실린더 속에 고기 조각을 넣어 매가 이를 삼키도록 했다. 금속 실린더 속의 고기 조각은 파쇄 작용으로부터 보호될 수 있었다. 왜냐면 실린더 양끝의 철망이 위액의 접근을 허락했지만 고기 조각이 빠져나가는 것은 막고 있었기 때문이다. 매는 일반적으로 소화할 수 없는 것을 토해내는데, 레무어의 매가 실린더를 토해냈을 때, 그 안의 고기 조각은 부분적으로 녹아 있었다.

레무어는 매가 스폰지를 삼켜 토하게 함으로써 이를 이중으로 확인하였다. 스폰지에 꽉 찬 위액을 짜내어 고기 조각과 섞어보았다. 그러자 고기 조각이 서서히 녹았고 문제는 해결되었다. 소화는 화학적인 과정이었고 생명 과정에서 화학의 역할이 극명하게 드러난 순간이었다.

18세기가 되자 헬몬트(Van Helmont, 53페이지 참조)로부터 시작된 기체 연구가 특히 신속하게 진행된 끝에 매혹적인 연구 분야로 떠올랐다. 각종 기체와 생명의 관계에 대한 연구가 불가피해 보였다. 영국의 식물학자이자 화학자 헤일즈(Stephen Hales, 1677-1761)가 그런 연구자 중 한 사람이었다. 그는 1727년에 책을 펴내어 식물의 성장 속도며 수액의 압력을 측정하는 실험에 대해 기술하였다. 그러므로 그를 **식물생리학(plant physiology)**의 창시자로 볼 수 있다. 그는 또한 각종 기체를 갖고 실험을 하여 이산화탄소가 식물의 자양분이 된다는 것을 최초로 알아냈다. 그런 점에서 그는 식물 조직이 물에서만 생겨난다고 한 헬몬트의 견해를 바로잡고 오히려 확장했다.

다음 단계는 반세기 후에 영국의 화학자 프리스틀리(Joseph Priestley, 1733-1804)가 이어받았다. 1744년에 그는 우리가 지금 산소라고 부르는 기체를 발견했다. 그는 산소를 흡입하는 것이 즐거운 일이며, 생쥐는 산소가 든 진공 유리병 속에 있을 때 특히 활발하다는 것 등을 발견했다. 나아가 식물이 공기 중 산소의 양을 늘린다는 사실도 알아냈다. 게다가 네덜란드의 물리학자 잉겐하우스(Jan Ingenhousz, 1730-99)는 식물이 이산화탄소를 소비하며 산소를 생성하는 과정이 빛의 존재하에서만 일어난다는 것을 보여주었다.

당시 가장 위대한 화학자는 프랑스의 라부아지에(Antoine Laurent Lavoisier, 1743-94)였다. 그는 화학에서 정확한 측정의 중요성을 강조했고 그를 통하여 연소 이론을 전개하였다. 이후로 그 이론은 흔들릴 일이 없었다. 이론에 따르면, 연소란 연소 물질과 공기 중 산소의 화학적 결합의 결과이다. 그는 또한 공기 중에는 산소 이외에도 연소에 전혀 도움이 되지 않는 기체인 질소가 있음을 보여주었다.

라부아지에의 '새로운 화학'은 생물에도 적용되었다. 양초에 들어맞는 것이 어떤 식으로든 생쥐에도 들어맞을 것이기 때문이었다. 밀봉한 진공유리병 속에 양초를 두면 산소가 소비되고 이산화탄소가 생성된다. 진공유리병 속에 있던 모든 산소가 소비되면, 양초는 꺼지고 더 이상

타지 않게 될 것이다.

동물에서도 상황은 비슷하다. 진공유리병 속의 생쥐는 산소를 소비하고 조직 속의 탄소와 산소를 결합시킴으로써 이산화탄소를 생성한다. 공기 중의 산소 수준이 떨어짐에 따라 생쥐는 질식해 죽게 된다. 전반적인 관점에서 보면, 식물은 이산화탄소를 소비하고 산소를 생성하며 동물은 산소를 소비하고 이산화탄소를 생성한다. 따라서 식물과 동물은 함께 화학적인 균형의 유지를 도와 결국 대기 중 이산화탄소(0.03%)와 산소(21%)의 농도가 일정하게 유지되도록 한다.

양초와 동물이 모두 이산화탄소를 생성하고 산소를 소비하기 때문에 호흡은 일종의 연소 과정이며, 특정 양의 산소가 소비될 때는 양초든 생쥐든 상관없이 해당하는 양의 열이 생성될 것이라는 라부아지에의 가정은 합리적으로 보였다. 그 당시 가능했던 측정 기술을 생각하면 이 방면으로 그의 실험이 조잡했을 터이고 결과가 근사치에 불과했음에도, 실험은 그의 주장을 뒷받침하는 듯이 보였다.

실험 결과는 기계론적 생명관을 지지하는 강력한 일격

이었다. 생명 물질과 무생명 물질 양쪽에서 동일한 화학 과정이 일어나는 듯이 보였기 때문이다. 이로 인해 기계론자의 주장대로 동일한 자연법칙이 두 세계를 모두 지배한다고 생각하는 것이 보다 합리적인 듯했다.

19세기 초반 물리학의 발전에 따라 라부아지에의 견해는 더욱 입지를 공고히 하게 되었다. 그 수십년 동안 많은 과학자들이 증기 기관의 중요성 때문에 열을 연구하였다. 증기 기관에 의하여 열은 일을 할 수 있었고 마찬가지로 낙하물, 흐르는 물, 운동 중인 공기, 빛, 전기, 자기, 기타 등등의 현상도 일을 할 수 있었다. 1807년 영국의 물리학자 토머스 영(Thomas Young, 1773-1829)은 일을 얻을 수 있는 모든 현상을 나타내는 말로 '에너지'를 제안했다. 이는 '일이 들어 있는'(work inside)을 뜻하는 그리스어에서 유래한 말이다.

19세기 초의 물리학자들은 한 가지 형태의 에너지가 다른 형태로 전환되는 방식을 연구하기 시작하여 그러한 변화를 점점 더 정밀하게 측정할 수 있게 되었다. 1840년대가 되자 적어도 세 사람이 '에너지 보존'의 개념을 발전시켰다. 영국인 제임스 줄(James Prescott Joule, 1819-89)과

두 명의 독일인 율리우스 마이어(Julius Robert von Mayer 1814-78), 헬름홀츠(Ludwig Ferdinand von Helmholtz, 1821-94)가 그들이다. 이 개념에 따르면, 한 가지 형태의 에너지는 자유로이 다른 형태로 전환될 수 있으나 그 과정에서 에너지의 총량은 결코 줄거나 늘 수 없다.

갖가지 자세한 측정에 근거를 두고 있는 그러한 일반 법칙이 무생명 과정뿐 아니라 생명 과정에도 들어맞는 것이 자연스러울 것이다. 어떠한 살아 있는 동물도 음식으로부터 계속해서 에너지를 얻지 않는 한 삶을 이어갈 수 없다는 단순한 사실은 생명 과정이 무에서 에너지를 창조해낼 수 없음을 의미하는 듯했다. 식물은 동물이 하는 것과 같은 식으로 먹거나 숨 쉬거나 하진 않지만, 빛 에너지 속에 주기적으로 몸을 담그지 않는 한 그들 또한 살 수가 없다.

마이어는 지구상 각종 에너지의 원천이 태양에서 나오는 빛과 열의 방사 에너지이고, 이는 또한 모든 생물에 힘을 불어넣어주는 에너지의 원천이기도 하다고 단언했다. 이는 식물에게는 직접적인 에너지원이고, 동물(물론 인간을 포함)에게는 식물을 거치는 간접적인 에너지원이다.

그렇다면 하나의 의문이 든다. 에너지 보존의 법칙이 무생명계에 들어맞듯이 생명계에도 엄격하게 들어맞을 것인지, 그런 점에서 생명도 기계론적인지 하는 의문이 다(19세기 후반이 되어 충분히 증명).

유기화합물

그러나 생기론자의 지위는 전혀 약화되지 않았다. 에너지 보존의 법칙이 무생명계뿐 아니라 생명계에 들어맞는다는 것을, 또는 모닥불과 살아 있는 동물이 비슷한 방식으로 산소를 소비하고 이산화탄소를 생성한다는 것을 시인할 필요가 있다고 해도, 이들은 단지 인간과 산꼭대기가 모두 물질로 되어 있다고 말하는 것처럼 전체의 한계에 불과했기 때문이다. 그러한 한계 내의 상세한 점에 대한 막대한 의문은 여전히 남아 있었다.

예를 들어 생물이 비록 물질로 되어 있긴 하지만 무생물계의 물질과는 전혀 다른 물질로 구성되어 있는 것은 아닐까? 이 질문에는 거의 긍정적으로 답해야 할 것처럼 보였다.

흙, 바다, 공기 속에 많이 있는 그런 물질은 고체이며, 안정적인데다, 불변이다. 물은 가열하면 끓어서 증기가 되지만 식히면 다시 액체인 물이 될 수 있다. 철과 소금은 녹일 수 있고, 냉각해 다시 한 번 원래대로 만들 수 있다. 반면에 당, 종이, 올리브유 등의 생물에서 얻는 물질에는 그 물질이 유래한 생물의 섬세함과 부서지기 쉬운 성질이 여전히 남아 있다. 가열하면 연기가 나고 숯이 되고 불꽃이 피어오르는데, 일어난 변화는 비가역적이다. 불탄 종이의 연기와 재는 식혀도 두 번 다시 종이가 되진 않는다. 그렇다면 여기서 두 가지 전혀 다른 종류의 물질이 있다고 가정하는 것이 타당할 것이다.

스웨덴 화학자 베르셀리우스(Jöns Jakob Berzelius, 1779-1848)는 1807년에 생물에서 얻은 물질을 '유기물질'로, 그 나머지 모두는 '무기물질'로 부르자는 제안을 했다. 그는 유기물질을 무기물질로 변환하는 것은 충분히 쉬운 일이나 그 역은 생명의 중개 없이 불가능하다고 생각했다. 무기물질로부터 유기물질을 만드는 데는 생물에만 있는 '생기'(vital force)가 관여해야 했다.

그러나 이러한 견해는 오래가지 못했다. 1828년 독일의 화학자 뵐러(Friedrich Wöhler, 1800-82)는 그 당시 무기물질로 알려져 있던 시안화물 및 관련 물질에 대한 연구를 하고 있었다. 그가 시안산암모늄을 가열하여 결정을 얻어 검사를 해보니 놀랍게도 요소였다. 요소는 포유류 오줌의 실질적인 주성분으로, 틀림없는 유기물질이었다.

뵐러의 발견은 다른 화학자들을 고무시켜 무기물에서 유기물을 합성하고자 하는 문제에 뛰어들도록 했고 성공이 금세 뒤따랐다. 프랑스의 화학자 베르틀로(Pierre Eugène Marcelin Berthelot, 1827-1907)의 업적으로 유기물과 무기물 사이의 장벽이 의심의 여지없이 무너졌다. 1850년대에 베르틀로는 무기화합물로부터 메틸알코올, 에틸알코올, 메탄, 벤젠, 아세틸렌 등 잘 알려진 많은 유기물질들을 합성해냈다.

19세기 초의 분석 기술 발달에 힘입어 화학자들은 유기물질이 주로 탄소, 수소, 산소, 질소로 되어 있다는 것을 알아냈다. 오래지 않아 그들은 이들 물질을 섞어 생물에는 없지만 유기물질의 속성을 갖고 있는 여러 가지 화합물들을 만들어내게 되었다.

19세기 후반에는 무수한 '합성 유기물'이 쏟아져 나와 더 이상 유기화학을 생물이 만든 화합물에 대한 연구라고 정의할 수 없게 되었다. 화학을 유기와 무기의 두 부분으로 나누는 것은 여전히 편리했지만, 유기는 '탄소 화합물의 화학', 무기는 '탄소를 갖지 않는 화합물의 화학'으로 각각 정의를 바꾸게 되었다. 생명과는 아무런 관계도 없어졌다.

그럼에도 불구하고 생기론자에겐 빠져나갈 구멍이 꽤 있었다. 19세기 화학자가 합성한 유기화합물은 비교적 단순한 것들이었다. 생물에는 19세기 화학자가 합성의 엄두를 못 내는 복잡한 물질이 얼마든지 있었다.

보다 복잡한 이들 화합물은 1827년 최초로 이에 대해 명확하게 언급한 영국의 의사 프라우트(William Prout, 1785-1850)에 의해 세 가지 종류로 나뉘고 있었다. 세 가지 종류에는 이제 '탄수화물', '지질', '단백질'이란 이름이 붙어 있다. 당, 녹말, 섬유소 등을 포함하는 탄수화물은 탄소, 수소, 산소로만 되어 있고 지방과 기름을 포함하는 지질도 또한 그렇다. 그러나 탄수화물은 비교적 산소가 많음에 비해 지질은 산소가 적다. 또한 탄수화물은 처음부터 물에 녹거나 산의 작용으로 쉽게 녹는 데 비해 지질은

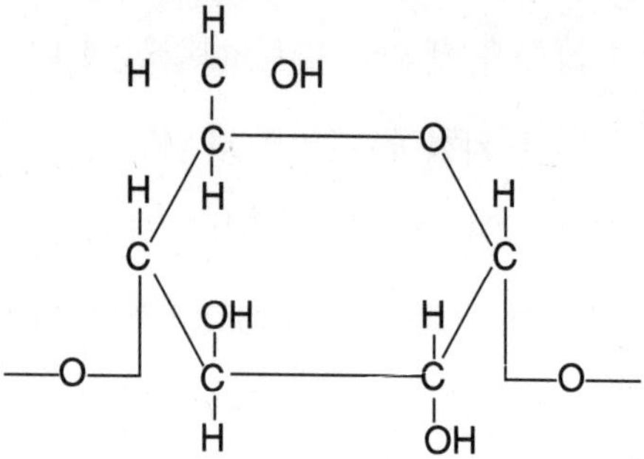

탄수화물

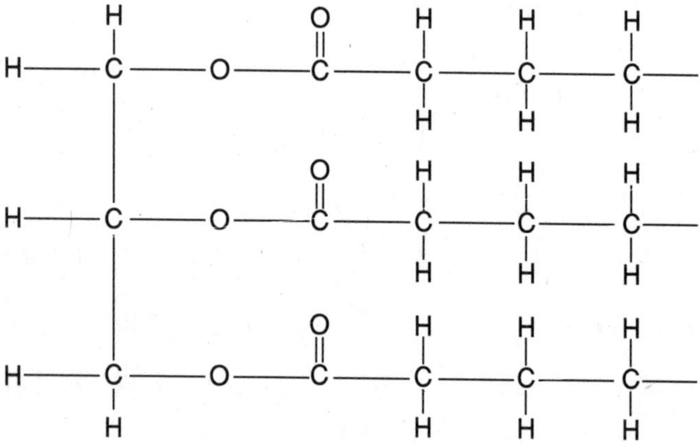

지방(지질)

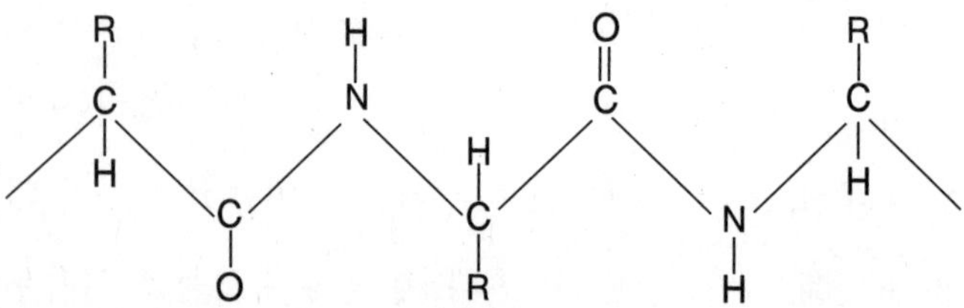

단백질

그림 2. 모든 것을 만들어내는 세 가지 유기화합물에 대한 화학식: 탄수화물, 지질(지방), 단백질. 탄수화물은 육탄당 단위로 된 사슬인데 그 중 한 단위만 보이고 있다. 그림의 지방은 가장 흔한 지방 중 하나인 팔미틴인데, 왼쪽의 글리세롤 분자와 오른쪽에 일부만 보인 긴 사슬의 지방산으로 되어 있다. 그림의 단백질 화학식은 단백질 분자의 뼈대인 폴리펩타이드 사슬의 일부만 보이고 있다. 문자 R은 아미노산 곁사슬을 나타낸다(상세하게는 그림 6을 참조). (Scientific American에서 전재)

물에 불용성이다.

이들 세 부류 중 단백질이 가장 복잡하고, 가장 부서지기 쉽고, 얼핏 보기에 생명의 특성을 가장 많이 갖고 있다. 단백질은 탄소, 수소, 산소뿐 아니라 질소와 황을 갖고 있고 물에는 보통 가용성이지만, 가열하면 응집하여 불용성이 된다. 이들을 처음에는 '알부민성 물질'로 불렀는데, 그 이유는 라틴어로 '알부민'인 달걀 흰자위에 흔했기 때문이다. 그러나 1838년 네덜란드의 화학자 멀더(Gerard Johann Mulder, 1802-80)가 알부민성 물질의 중요성을 깨닫고 '최고로 중요한'이란 뜻의 그리스어에서 유래한 '단백질'(protein)이란 용어를 등록했다.

19세기를 통틀어 생기론자들은 유기물질 전체가 아니라 단백질 분자에 희망을 걸었다.

한편 날로 늘어가는 유기화학 지식은 진화 개념의 확립에 도움이 되었다. 생물의 종은 종류에 관계없이 모두가 동일한 종류의 유기물인 탄수화물, 지질, 단백질로 되어 있었다. 이들이 종에 따라 다른 것은 분명하지만 그 차이는 지엽적인 것이었다. 예를 들어, 종려나무와 젖소는 극히 다른 생물임에도 코코넛과 우유에서 만들어지는 지방은 단지 사소한 점에서만 다를 뿐이었다.

나아가 19세기 화학자들이 보기에 탄수화물, 지질, 단백질의 복잡한 구조는 소화 과정에서 비교적 단순한 '구성단위'(building block)로 분명히 분해될 수 있었다. 구성단위는 모든 종에서 동일했으나 이들을 조합하는 상세한 점에서는 달라 보였다. 한 생물이 자신과 크게 다른 생물을 (사람이 바다가재를, 소가 풀을 먹을 때처럼) 먹이로 삼을 수 있는 이유는 먹는 자와 먹히는 자가 공통으로 갖고 있는 구성단위로 음식물 속의 복잡한 물질이 분해되기 때문이다. 그리고 그 구성단위가 흡수되어 먹이를 삼킨 생물의 복잡한 물질로 다시 건축되기 때문이다.

그렇다면 화학자의 입장에서는 모든 생명이 외관이 아무리 달라도 하나처럼 보일 것이다. 그렇게 생각한다면, 한 종이 다른 종으로 진화하여 바뀌는 일은 단지 지엽적인 세부 사항의 문제일 뿐이고 본질적인 부분에서는 아무 변화도 없는 문제가 될 것이다. 이러한 견해로 인해 진화 개념이 직접 확립되지는 않았지만, 진화 개념의 가능성이 커진 것은 분명하다.

조직과 배아

생명의 기본적인 통합성을 깨닫기 위해 생물학자가 외계나 화학자의 업적에 의존할 것까진 없었다. 나날이 발전한 우수한 현미경 덕분에 마침내 이를 직접 눈으로 볼 수 있었기 때문이다.

처음에 현미경으로 보니까 너무 잘 보이는 것 같았다. 아니 상상하기에 그랬다. 극히 작은 것을 들여다보는 데 매료된 초기의 일부 현미경학자들은 고집스럽게 기구의 빈약한 성능을 넘어서서 상세한 것들을 알아내려고 애썼다. 그리하여 그들은 자신이 연구하던 정액의 정자 안에 현미경 크기의 사람 형상(소인, homunculus)을 공들여 그려 넣기까지했다.

그들은 한 발 더 나아가 작아지는 일에 끝이 없을 것이라고 상상했다. 만약 난자나 정자에 이미 작은 형상이 들어 있다면, 그 작은 형상 속에는 다시 더 작은 형상이 있어 언젠가 자식이 될 것이고, 그렇게 한없이 반복될 것이라고 상상했다. 일부는 맨 처음 이브의 몸 안에 호문쿨루스 속의 호문쿨러스 속의 호문쿨루스가 얼마나 많이 있었는지 계산해 내려고까지 했다. 그리고 그 안에 든 세대가 다할 때 드디어 인류가 종말에 이르게 되는지에 대해 궁금하게 여겼다. 이를 '전성설'(preformation)이라 하는데, 이에 따르면 종의 모든 가능한 구성원은 그 종의 맨 처음 구성원 속에 이미 존재하며, 도중 어느 시점에서도 종의 변화가 생길 것으로 가정할 이유가 없기 때문에, 이 설은 명백하게 반진화론의 견해였다.

이러한 전성설에 최초로 반론을 제기한 이는 독일의 생리학자 볼프(Caspar Friedrich Wolff, 1733-94)였다. 불과 26세의 나이였던 1759년, 책에서 그는 자신이 관찰한 식물의 발생과정에 대해 서술했다. 그는 자라는 식물 새싹의 끝이 미분화의 일반적인 구조로 되어 있음에 주목했다. 끝이 자람에 따라 분화가 일어나서 어떤 작은 부분은 마침내 꽃으로 발생하고, 처음에는 전혀 구분이 가지 않는 다른 작은 부분은 잎으로 발생했다. 시간이 지나 그는 계배(닭 배아)와 같은 동물로까지 자신의 관찰 범위를 넓혔다. 미분화된 조직에서 점진적인 분화를 통해 상이한 복부 기관이 차츰 생겨난다는 것을 그는 보여줬다. 이를 '후성설'(epigenesis)라 하는데, 말 자체는 1651년 펴낸 동물의 출생에 관한 책에서 윌리엄 하비가 최초로 쓴 말이다.

이 견해에 의하면, 모든 동물은 외관이 아무리 다를지라도 아주 약간의 생명물질로부터 발생하며 그 기원에서는 서로 닮아있다. 살아있는 것들은 이미 분화되어 있는 작은 기관 및 생물로부터 발생하는 일이 없다.

제대로 조사해 보면 충분히 발생한 성체라 해도 외관만큼 그 차이가 크지 않을 수 있다. 프랑스의 의사 비샤(Marie François Xavier Bichat, 1771-1802)는 짧은 삶의 말년에 현미경도 없이(!) 각종 기관이 상이한 소수의 성분으로 구성되어 있음을 보여주었다. 이들 성분을 그는 '조직'(tissue)이라 명명하였다. 그리하여 그는 조직에 관한 연구인 **조직학(histology)**의 창시자가 되었다. 조직의 가지 수는 그렇게 많지 않다는 것이 밝혀졌다. 예를 들어 동물의 조직 종류는 상피, 결합, 근육, 신경이다. 그리고 종이 다르고 기관이 다르다 해도 모두가 이들 소수의 종류로 되어 있다는 것이 밝혀졌다. 특정 조직의 종에 따른 차이는 생물의 온몸만큼 근본적으로 크지 않았다.

이보다 더 나아가 볼 수 있을 것이다. 이 책의 앞에서 설명했듯이(59페이지 참조) 17세기 중엽 후크는 코르크가 자신이 세포라고 명명한 작은 사각형 방으로 나뉘어져 있음을 발견했다. 이들은 속이 비어있었고 그때 코르크는 죽은 조직이었다. 살아있거나 얼마 전까지 살아 있었던 조직을 현미경으로 조사하면서 뒤이은 연구자들은 조직 또한 벽으로 에워싸인 작은 단위로 되어 있음을 알게 되었다.

살아있는 조직에서 단위 세포들은 속이 빈 채로가 아니라 젤라틴성의 끈끈한 액체로 채워져 있다. 이 액체는 체코의 생리학자 푸르키네(Johannes Evangelista Purkinje, 1787-1869)에 의해 마침내 '원형질'(protoplasm)이란 이름을 얻었다. 1939년 그는 알 속의 살아있는 물질을 그렇게 불렀는데, '처음으로 생긴 것'을 뜻하는 그리스어에서 따온 말이었다. 그러나 독일의 식물학자 몰(Hugo von Mohl, 1805-72)은 그 이듬해에 이 말을 조직 안의 물질을 일반적으로 부르는 데 썼다. 살아있는 조직의 구획단위는 속이 빈 것은 아니지만, 후크의 '세포'라는 용어는 여전히 이들을 가리키는 데 쓰이고 있다.

세포가 점점 더 흔하게 발견됨에 따라 많은 생물학자들은 이들이 살아있는 조직 내에 보편적으로 존재하는 것이 아닐까 하는 추측을 하게 되었다. 이러한 믿음은 1838년 독일의 식물학자 슐라이덴(Matthias Jakob Schleiden, 1804-

81)이 모든 식물은 세포로 되어있고 세포야말로 생명의 단위라고 주장함으로써 구체화되었다. 그 작은 살아있는 생명의 단위로부터 생물의 온몸이 만들어지는 것이다.

이듬해에 독일의 생리학자 슈반(Theodor Schwann, 1810-82)은 이 개념을 확장했다. 그는 모든 식물뿐 아니라 모든 동물도 세포로 되어 있고, 각 세포는 나머지 외계로부터 자신을 격리하는 막으로 둘러싸여 있으며, 비샤의 조직도 특정 종류의 세포로 되어 있다는 것 등을 지적했다. '세포설'의 공적을 보통 슐라이덴과 슈반에게 돌리고 있지만, 그밖에도 많은 생물학자들이 그에 기여했고, 그들과 더불어 세포에 대한 연구인 **세포학(cytology)**이 시작되었다.

세포가 생명의 단위라는 가정은 세포가 독립적으로 살 수도 있으며 살아있기 위해 반드시 조합하여 수십억 또는 수조의 집단을 형성해야 하는 것이 아니라는 것을 보여준다면 더 설득력을 갖게 될 것이다. 일부 세포가 실제로 독립적으로 살 수 있다는 것은 독일의 동물학자 시볼트(Karl Theodor Ernst von Siebold, 1804-85)가 보여줬다.

1845년 시볼트는 원생동물을 상세하게 다룬 비교해부학 책 한 권을 출판했다. 원생동물이란 레벤후크(59페이지 참조)가 현미경으로 맨 처음 발견한 바로 그 동물이다. 시볼트는 원생동물이 단세포로 구성되어 있다고 생각해야 함을 아주 분명히 했다. 각 원생동물은 하나의 막으로 둘러싸여 있으며 살아가는 데 필수불가결한 모든 능력을 자신의 내부에 갖추고 있다. 그것은 먹이를 삼키고, 소화하고, 동화하고, 폐기물을 내다버린다. 주위 환경을 감지하고 그것에 반응한다. 성장하고 둘로 나뉨으로써 생식한다. 분명 원생동물은 사람과 같은 다세포생물을 구성하는 세포에 비해 일반적으로 보다 크고 복잡하다. 원생동물이 독립적인 삶을 가능하도록 만들기 위해 필요한 모든 능력을 갖고 있어야 함에 반해, 다세포생물의 개별 세포는 그 중 많은 것을 버릴 여유가 있다는 것을 고려하면, 이는 당연한 일일 것이다.

다세포생물을 이용해서 개별 세포의 중요성을 입증하는 것도 가능했다. 러시아의 생물학자 베어(Karl Ernst von Baer, 1792-1876)[역주) 2]는 1827년 그라프난포 속에 있던 포유류의 알, 즉 난자를 찾아낸 뒤 계속하여 난자가 독립적인

역주) 2 저자가 베어를 러시아의 생물학자라고 소개한 것은 베어가 옛 러시아의 에스토니아 지역에서 출생한 때문인지 모르겠으나, 국적이 독일이므로 독일의 발생학자로 소개하고 있는 것이 보통이다.

생물로 발생해 가는 방식에 대한 연구를 이어갔다.

다음 십 년에 걸쳐 그는 그 주제에 관한, 두 권으로 된 두툼한 교과서를 출판했다. 그리하여 그는 배아나 발생 중인 알에 대한 연구인 **발생학(embryology)**의 창시자로 불리게 되었다. 그는 발생 중인 알에서 수 층의 조직이 형성되는데 그들 각각은 처음에는 미분화이지만 거기서부터 갖가지 분화된 기관이 발생한다는 것을 상세하고 잘 입증되는 방식으로 보임으로써 볼프의 후성설(자신의 시대에는 무시당했던)을 부활시켰다. 이들 최초의 층을 그는 '배엽'(germ layer)이라 불렀다. 배엽은 생명의 씨앗을 품고 있는 작은 물체를 일컫는 일반 용어이다.

이 배엽층의 수는 최종적으로 3으로 고정되었고 1845년 독일의 생리학자 레막(Robert Remak, 1815-65)에 의해 지금도 쓰이고 있는 이름이 붙었다. 각각 '외배엽'(바깥 피부를 뜻하는 그리스어에서 유래), '중배엽'(중간 피부) 그리고 '내배엽'(안쪽 피부)이다.

스위스의 생리학자 쾰리커(Rudolf Albert von Kölliker, 1817-1905)가 1840년대에 난자와 정자가 모두 한 개의 세포임을 지적했고 이어서 독일의 동물학자 게겐바우어

(Karl Gegenbauer, 1826-1903)가 새의 큰 알도 단일 세포임을 입증했다. 정자와 난자의 융합으로 수정란이 생기는데, 이 수정란 또한 단일 세포임을 보여준 것도 쾰리커였다. [이 융합, 즉 '수정'(fertilization)으로부터 배아 발생이 시작된다. 19세기 중엽부터 생물학자들이 그러한 과정이 일어난다고 이미 가정하고 있었고, 그러한 가정을 뒷받침할 많은 관찰이 지난 수 십 년 동안 이뤄졌다. 그럼에도 불구하고, 1879년 스위스의 동물학자 폴(Hermann Fol)에 의해 성게에서 난자와 정자의 수정이 목격되고 나서야 비로소 상세하게 책에 기술되기 시작했다.]

1861년까지 쾰리커는 발생학에 관한 교과서를 출판했는데 그 속에는 세포설의 관점에서 재해석한 베어의 업적도 들어 있었다. 모든 다세포생물은 단일 세포인 수정란에서 시작한다. 수정란이 분열하고 또 분열해도 생겨난 세포가 처음과 크게 다르지 않다. 여러 가지 방향으로의 분화가 서서히 일어난 후 마침내 성체의 복잡하게 관련된 모든 구조물이 완성된다. 후성설을 세포학의 말투로 풀어쓰면 그렇다.

생명의 통일성 개념이 크게 강화되었다. 사람, 기린, 고등어의 수정란은 구별할 수 없고 차이점은 배아 발생이 진행됨에 따라 오직 서서히 드러난다. 처음에 분간할 수 없었던, 배아의 작은 구조물이 어떤 경우에는 날개로, 다른 경우에는 팔로, 세 번째는 손발로, 네 번째는 물갈퀴로 발생할 수 있다. 베어는 성체의 구조가 아니라 배아 구조를 비교함으로써 동물 사이의 관계를 보다 적절하게 추론해 낼 수 있다고 (강하게) 믿었다. 그리하여 그는 **비교발생학(comparative embryology)**의 창시자가 되었다.

세포의 발생 과정으로부터 보면, 한 종에서 다른 종으로의 변화는 단지 지엽말단의 문제 같고 일부 진화 과정의 가능성 내에서 얼마든지 일어날 수 있는 일인 듯했다. 예를 들어 베어는 척추동물의 발생 초기 배아에 일시적으로 '척삭'(notochord)이 존재한다는 것을 보여줬다. 이는 등을 따라 나 있는 뻣뻣한 작대기인데, 평생 그런 구조물을 갖고 있는 어류 비슷한 아주 원시적인 생물이 있다. 1860년대에 들어 이들 원시 생물을 처음으로 연구하여 기재한 이는 러시아의 동물학자 코바레프스키(Alexander Kowalewski, 1840-1901)였다. 척삭동물에는 머리에까지 척삭이 있는 창고기 같은 두삭동물, 유생시기의 꼬리에만 척삭이 있는 우렁쉥이 같은 미삭동물, 배아시기에만 척삭이 일시적으로 나타나는 척추동물 등이 있다.

척추동물에서 척삭은 재빨리 관절로 연결되는 추골의 척수로 치환된다[역주)3]. 그럼에도 불구하고 척삭의 일시적인 출현은 코바레프스키가 기재한 동물과의 관계를 보여주는 것 같다. 이러한 이유 때문에 척추동물과 이들 소수의 무척추동물을 척삭동물문 속에 한데 묶게 되었다. 게다가 척추동물의 배아에서 잠시 나타나는(사람의 배아에서조차) 척삭은 모든 척추동물이 척삭을 갖는 어떤 원시 생물에서 유래했다는 하나의 증거로 생각해 볼 수 있다. 그런 생각은 정말이지 매력적이었다.

몇몇 분야로부터 시작하여 비교해부학, 고생물학, 생화학, 조직학, 세포학, 발생학 등으로 퍼져나가 처음에는 속삭이더니 19세기 중엽이 되자 외치게 되었다. 어떤 방식으로든 진화의 견해가 필요하다고. 진화에 대한 만족할 만한 어떤 메커니즘이 명백하게 제시되어야만 했다.

역주) 3 척삭은 간충직(mesenchyme)에서 유래되는 구조물로 그 등쪽에 신경관의 발생을 유도한다. 신경관으로부터 중추신경계의 척수가 유래한다. 척삭은 장차 추골의 추체로 치환된다는 것이 발생학의 상식이다.

6장 진화

자연선택

적절한 진화 메커니즘을 생각해내고 그것을 생물학자들의 마음속에 확고하게 심어준 사람은 바로 영국의 박물학자 다윈(Charles Robert Darwin, 1809-82)이다. 전술한 에라스무스 다윈(74페이지 참조)의 손자이기도 하다.

청년 다윈은 의학을 공부하려고 했고 나중엔 목사가 되려고도 했으나 두 경력 모두 그의 마음에 차지 않았다. 박물학은 그의 취미였지만 그는 직업 삼아서 대학시절 내내 그 일에 열중했다. 1832년 HMS비글호가 지구를 도는 학술 탐사 항해를 출발하려던 참에 그는 배의 박물학자 직을 제안 받아 수락했다.

항해는 5년이 걸렸고 다윈이 배멀미의 고통에 시달리긴 했어도 그를 천재 박물학자로 만들어준 계기가 되었다. 게다가 다윈 덕분에 비글호 항해는 생물학 역사상 가장 중요한 탐사여행이 되었다.

다윈은 출발 전에 라이엘의 지질학에 관한 제1권(83페이지 참조)을 읽고 지구가 얼마나 오래되었으며 얼마나 긴 시간을 통해 생물이 발달해 왔는지 등에 대해 분명하게 이해하고 있었다. 남미대륙의 해안을 따라 내려가던 항해 도중 그는 종이 다른 종을 어떻게 대체했으며, 뒤이은 종은 원래의 종과 약간만 다르다는 것 등을 알아차릴 수밖에 없었다.

여러 가지 중 가장 놀랄만한 일은 에콰도르에서 약 1000키로 떨어진 갈라파고스 제도에 5주간 체재하며 행한 동물에 대한 그의 관찰이다. 특히 다윈은 오늘날 '다윈의 핀치'라고 부르는 한 무리의 새를 조사했다. 이들 핀치는 여러 가지 점에서 아주 유사한데도 적어도 열네 가지의 종으로 나뉘어 있었고, 어느 종도 근처의 대륙에서 발견되지 않았으며, 아는 한 세상 어디에서도 그런 종을 찾아볼 수가 없었다. 이 작고 눈에 띄지 않는 군도를 위해 또는 그들 자신만을 위해 열넷이나 되는 종이 따로 특별하게 창조됐다고 생각하는 것은 비합리적인 듯했다.

그 대신 다윈은 대륙의 핀치 종이 아주 오래 전에 섬으로 이주해 왔고 긴긴 시간이 지나면서 최초 핀치의 후손들이 차츰 상이한 종들로 진화해 갔을 것이라고 생각했다. 일부는 어떤 씨앗, 다른 것은 다른 씨앗을 먹는 습성이 생겨났고, 아주 다른 것은 곤충을 먹게 되었다. 각각의 생활방식에 따라 특정 종에 특정 부리가, 특정 크기가, 특정 체제가 생겨났다. 대륙에 사는 원래의 핀치는 다른 새들과의 경쟁 때문에 그렇게 되지 않았다. 그러나 갈라파고스 제도에서 원래의 핀치는 비교적 빈 땅을 찾았을 터이고 거기엔 변종이 발달할 여지가 많았을 것이다.

그러나 한 가지, 아주 중요한 한 가지가 빠졌다. 무엇이 진화를 일으킨 것일까? 무엇이 씨앗을 먹던 핀치를 서서히 곤충을 먹는 핀치로 바꾼 것일까? 다윈은 라마르크 식의 설명(75페이지 참조), 즉 핀치새가 곤충을 먹으려 애쓴 끝에, 곤충 맛과 곤충 다루는 재주를 후손에게 물려주게 된다는 식의 가정은 받아들일 수가 없었다. 그렇지만 안타깝게도 그에게는 대체할 답이 없었다.

그러다가 영국으로 귀국한 2년 후인 1838년 그는 우연히 영국의 경제학자 맬더스(Thomas Robert Malthus, 1766-1834)가 쓴 〈인구론(An Essay on the Principle of Population)〉을 접하게 되었다. 책에서 맬더스는 인구가 식량 공급보다 항상 빠르게 늘어나고 그래서 마침내 인구는 기아, 질병, 전쟁 등으로 줄어들어야만 한다고 주장했다.

다윈은 한 때 이러한 주장이 다른 모든 생물에게도 적용되어야 하며 과밀 집단에서 먼저 줄어들어야 하는 개체가 식량 경쟁에서 불리한 개체일 것이라고 생각했다. 예를 들어 갈라파고스 제도의 최초 핀치는 처음에 아무 방해 없이 불어났을 것이고, 먹이인 씨앗의 공급을 앞지르게 되었을 것이다. 일부가 굶주리게 되었을 것이고, 약한 개체일수록, 씨앗 찾기에 서툰 개체일수록 먼저 죽었을 것이다. 그러나 일부에서 더 큰 씨앗을 먹을 수 있게 되거나, 더 단단한 씨앗으로 살아갈 수 있게 되거나, 가끔 벌레도 삼킬 수 있다는 것을 알게 된다면 어떻게 될까? 이런 이상한 재능을 갖고 있지 않은 개체는 기아의 저지를 받겠지만, 갖게 된 개체는 아무리 비효율적이라 해도 새로운, 아무도 손대지 않은 식량을 찾게 될 것이고, 다시 식량이 바닥날 때까지는 재빨리 불어날 수 있게 될 것이다.

달리 말해 환경의 맹목적인 압력이 차이를 부추기고, 차이에 차이가 덧쌓이면, 마침내 별개의 종이 나타나고, 그 종은 주위의 다른 종이나 공통 조상과 구별될 것이다. 자연 자체는, 말하자면, 식량공급이 부족할 때 생존자를 선택하는 역할을 맡을 것이고 그와 같은 '자연선택'(natural selection)으로 인해 생명은 끝도 없이 변종으로 갈라져 갈 것이다.

나아가 다윈은 필요한 변화가 어떻게 일어나는지를 관찰할 수가 있었다. 그는 인위선택의 효과를 조사하기 위해 비둘기를 사육했고, 따라서 길들인 동물의 이색 변종 육종(사육)을 개인적으로 경험했다. 그는 어떤 무리의 새끼에서건 여기저기서 크기, 색깔, 재주 등에서의 변이와 같은 무작위한 변이가 존재함을 볼 수 있었다. 그러한 변이를 이용하여 어떤 것은 신중하게 번식시키고 어떤 것은 억누름으로써 수 세대에 걸쳐 인간은 소, 말, 양, 가금류 등의 품종 개량을 행해왔다. 또 개와 금붕어를 자신의 기호에 맞게 이색적이고 재밌는 모양으로 바꾸어 놓을 수가 있었다.

자연도 인간처럼 하는게 아닐까? 자연은 자신의 목적을 위해 훨씬 더 천천히, 훨씬 더 긴 시간을 들여 동물을 인간의 취향이나 수요가 아니라 환경에 맞도록 비슷한 식의 선택을 하는 것은 아닐까?

다윈은 종의 암컷이 가장 화려한 수컷을 받아들여 우스꽝스러울 만큼 심한 공작이 생겨나는 '성선택'(sexual selection)에 대한 연구도 했다. 그런 다음 그는 과거에 제대로 된 크기와 기능이 있었던 기관인 흔적 기관에 대한 자료를 수집했다. (극적인 보기로서 한 때 골반과 후지의 일부였던 뼈 조각들이 고래와 뱀에게 있다는 것, 그래서 이들이 한 때 발로 걸었던 생물의 후손이라고 믿도록 만드는 그 사실을 상기해보자.)

다윈은 수고를 아끼지 않는 완벽주의자여서 자료 수집과 분류를 고집스럽게 밀고나갔다. 1844년 마침내 그는 그 주제에 관한 글을 쓰기 시작했다. 그러나 그는 자신의 이론에 대한 철저하고도 결정적인 서술에까지는 손이 미치지 못 했다. 십 수 년이 더 걸려야 했다. 1856년 마침내 그는 본격적인 노력을 쏟아 붓기 시작했다.

한편 그때 영국의 박물학자 월리스(Alfred Russel Wallace, 1823-1913)도 극동에서 동일한 문제와 씨름하고 있었다. 다윈처럼 그 역시 1848년에서 1852년까지의 남미 여행을 비롯해 생의 많은 시간을 여행으로 보냈다. 1854년 그는 말레이 반도와 동인도제도를 항해했다. 거기서 그는 아시아와 호주의 포유류 사이에 뚜렷한 차이가 있다는 사실에 충격을 받았다. 말년에 그는 이 주제에 대한 글을 쓰면서 다른 종들이 번성한 땅을 가르는 경계선을 그었다. 보르네오와 셀레베스의 큰 섬 사이를 가르는 그 선[지금도 '월리스 선'(Wallace's line)이라 불림]은 심해 해협을 따라 나 있는데, 남쪽으로 발리와 롬복의 작은 섬들도 또한 가르고 있다. 이로부터 동물의 종을 큰 대륙이나 초대륙의 블록으로 나누자는 생각이 싹텄다.

월리스가 보기에 호주의 포유류는 아시아 것보다 더 원시적이고 덜 효율적인 듯했고 둘 사이에 경쟁이 붙기만 하면 호주의 포유류가 살아남지 못할 성싶었다. 호주의 포유류가 어쨌든 살아남은 이유는 보다 발전된 아시아의 종이 생겨나기 이전에 호주와 그 부근의 섬들이 아시아 대륙으로부터 떨어져나갔기 때문이다. 그런 생각 끝에 그는 자연선택에 의한 진화의 추측에 이르게 되었다. 다윈의 경우와 똑같이 그도 우연히 맬더스의 책을 읽게 되었을 때 그러한 추측이 머리에 떠올랐다. 월리스는 그 당시 학질로 고생하며 동인도에 머물고 있었는데, 쉬는 틈을 타서 이틀 만에 이론을 써내려간 뒤 의견을 구하려 원고를 다윈에게 보냈다. (그는 다윈이 같은 문제를 풀고 있는 중임을 전혀 모르고 있었다.) 다윈은 원고를 받아들고, 견해의 흡사함에 너무나 놀랐다. 1858년 라이엘 등의 조정으로 다윈의 일부 글과 월리스의 논문이 〈린네학회지(Journal of Proceedings of the Linnaean Society)〉에 함께 제출되고 게재되었다.

이듬해에 다윈은 〈자연선택에 의한 종의 기원 또는 생존경쟁에 유리한 종의 보존에 대하여(On the Origin of Species by Means of Natural Selection, or the Preservation of Favoured Races in the Struggle for Life)〉란 그의 책을 마침내 출판했다. 보통 줄여서 〈종의 기원(The Origin of Species)〉이라 한다.

학계는 책의 출판을 기다리고 있었다. 고작 1,250부가 인쇄되었을 뿐이지만 출판 첫날에 다 팔려나갔다. 책이 인쇄되고 또 인쇄되는 일이 일어나 일 세기가 더 지난 오늘날까지도 계속 인쇄되고 있다.

진화를 둘러싼 논쟁

의심의 여지없이 〈종의 기원〉은 생물학 사상 가장 유명한 책이 되었다. 자연선택에 의한 진화의 관점에서 바라보니까 많은 생물 분야가 갑자기 이해가 잘 되었다. 진화 개념으로 인해 분류학, 발생학, 비교해부학, 고생물학 등의 자료가 합리적으로 설명이 되었다. 다윈의 책과 더불어 생물학은 '사실 수집' 그 이상이 되었다. 여러 곳에 적용 가능한 데다 엄청 유용하기까지 한 이론에 근거를 둔, 체계적인 과학이 된 것이다.

그러나 또한 다윈의 책은 많은 이들에게 받아들이기 힘든 책이기도 했다. 일부의 숭배심을 뒤흔들어 놓았기 때문이다. 특히 책은 성경의 말씀에 반하는 것 같았고 신이 세상과 인류를 창조하지 않았다고 하는 것 같았다. 종교적인 견해를 그다지 갖고 있지 않은 사람들 중에도 아름다운 생명계와 인간이란 기적이 맹목적이고 무감각한 우연의 소산이란 견해에 반발심을 느끼는 사람들이 적지 않았다.

영국에서는 동물학자인 오웬(Richard Owen, 1804-1892)이 반대파의 리더였다. 그는 퀴비에의 제자였고 퀴비에처럼 화석에서 멸종 동물을 재구성할 수 있는 전문가였다. 그가 반발한 것은 진화 개념 그 자체가 아니라 그것이 우연히 일어났다는 점이었다. 그는 내적인 힘의 관념을 선호하는 쪽이었다.

다윈은 자신의 이론을 위해 직접 적극적으로 싸운 편이 아니었다. 대단한 논객이 되기에는 너무 신사적인 성품인데다 평소 자신을 너무 병자로 생각하고 있었기 때문이다. 대신 영국의 생물학자 헉슬리(Thomas Henry Huxley, 1825-95)가 다윈을 강력히 옹호했다. 헉슬리는 강단에 오르면 공포의 대상이었으며, 또한 일반 대중에게 인기 있는 과학작가이기도 했다. 그는 자신을 '다윈의 불독'이라 불렀고 어느 누구보다도 보통 사람들에게 진화를 잘 납득시켰다.

생물학자들이 퀴비에의 반진화 주문에 수십년 동안 걸려있었던 프랑스에서는 다윈주의가 한 발짝도 앞으로 나아가지 못 했다. 그러나 독일은 훨씬 비옥한 땅이었다. 독일의 박물학자 헥켈(Ernst Heinrich Haeckel, 1834-1919)은 다윈과 의견이 일치했고, 약간 앞서기까지 했다. 그는 발생 중인 배아를 진화가 압축되어 있는 영화로 보았다. 예를 들어 포유류는 원생동물처럼 단일 세포로 시작한다. 그 다음 해파리를 닮은, 2배 엽층의 생물로 발생한다. 그 다음 원시적인 벌레를 닮은 3배 엽층 생물로 발생한다. 발생이 더욱 진행됨에 따라 포유류 배아에는 원시 척삭동물의 척삭이 생겼다가 사라진다. 그 다음에는 어류 아가미 닮은 것의 시작 같아 보이는 구조물이 생겼다가 사라진다.[역주) 4] 이런 점에서 헥켈은 이전의 발생학자인 베어에 격하게 반발한 것이다. 베어(104페이지 참조) 역시 그러한 견해의 가장자리에까지 미쳤지만 다윈주의를 받아들이지는 않았다. 그러나 헥켈의 견해는 너무 극단적인 것으로 판명이 났다. 현대의 생물학자들은 배아의 발생을 진화 과정에 대한 글자 그대로의 충실한 재현이라고 생각하지는 않는다.

미국에서는 식물학자 그레이(Asa Gray, 1810-88)가 다윈

역주) 4 원문의 표현은 'then produced and lost structures that seemed the beginning of fishlike gills.'였는데, 발생 도중 인두궁 구조물의 출현과 변화를 언급한 표현일 것이다. 인두궁에서 인두열이 발생하고 이는 어류에서 아가미로 발달하지만, 포유류에서는 인두열이 형성되지 않거나 형성되었다가 닫히는 편이다. 인두는 인두, 후두의 그 인두이고 곧 목 부위에 해당한다.

주의를 위한 가장 적극적인 대변인이었다. 그 자신도 꽤 이름 있는 평신도였기에 무신론자로 무시될 일이 없어서 자신의 견해에 힘을 실을 수 있었다. 그와 대립한 이는 스위스계 미국인 박물학자 아가시(Jean Louis Rodolphe Agassiz, 1807-73)였다. 아가시는 화석 어류에 대한 철두철미한 연구로 과학적 명성을 얻었지만 일반 대중에게 그의 엄청난 업적은 오히려 '빙하기'의 개념을 널리 알린 점이었다. 그는 고국 스위스의 알프스 빙하를 잘 알고 있었기에 그 빙하가 천천히 움직인다는 것을, 그렇게 함으로써 빙하 아래 표면에 박힌 자갈이며 쇄석이 빙하가 지나가는 바위에 흠집을 남기거나 바위를 깎거나 한다는 것을 보여줄 수가 있었다.

아가시는 인간의 기억 속에 빙하가 존재한 적이 결코 없는 지역에서 그러한 홈이 패인 바위, 의심의 여지없이 빙하로 패인 바위를 찾아냈다. 1840년대에 그는 수천 년 전에 빙하가 광범위하게 존재했다는 결론에 이르게 되었다. 1846년 그는 미국으로 건너왔다. 처음에는 주로 강연을 위해서였지만 북미 대륙의 박물학에 대한 흥미로 영주를 결심하게 되었다. 물론 그는 미국에서도 광범위한 지역에 걸친 고대 빙하의 표시를 찾아냈다.

빙하기(최근 50만년 동안 네 차례의 빙하기가 있었다는 것이 이제는 알려져 있음)는 허턴과 라이엘의 극단적인 동일과 정설을 뒷받침하지 않는 좋은 증거였다. 하여튼 격변이 있었다. 퀴비에의 이론이 요구한 만큼 갑작스럽고 파괴적이고 치명적이진 않았지만 일어난 것은 분명했다. 퀴비에 비슷한 생각과 타고난 신앙심이 함께 작용해 아가시는 자신이 다윈의 이론을 받아들일 수 없음을 알았다.

인류의 유래

다윈 이론의 가장 민감한 부분은 인간에게도 적용이 되느냐는 점이었다. 다윈은 〈종의 기원〉에서 이 점을 회피했으나, 자연선택 이론의 공동 발견자인 월리스는 인간 자신이 진화의 대상이 아니라는 것을 결국 강력하게 주장하였다. (그는 말년에 유심론자가 되었다.) 그러나 호모 사피엔스를 제외한 나머지만이 진화력의 지배를 받는다는 생각은 불합리했고, 인간도 실은 포함된다는 증거가

서서히 모여가고 있었다.[역주) 5]

예를 들어 1838년 프랑스의 고고학자 페르트(Jacques Boucher de Crèvecoeur de Perthes, 1788-1868)는 프랑스 북부에서 조잡한 여러 개의 도끼를 발굴했는데, 지층의 위치로 보아 수천 년은 됨직한 것이었다. 게다가 이들은 분명 사람만이 만들 수 있는 것이었다. 지구뿐 아니라 사람 자신도 성경이 요구한 듯한 6천년보다 훨씬 더 오래 되었다는 증거가 처음으로 나타난 것이었다.

페르트는 자신이 발견한 것을 1846년 책으로 펴냈고 책은 센세이션을 일으켰다. 그러나 퀴비에의 영향하에 있던 프랑스의 생물학자들은 적대적이었고, 1850년대에 들어 고고학자들이 더 오래된 도구들을 찾아내도 발견물의 의미를 여전히 받아들이려 하지 않았다. 결국 1859년에 많은 영국 과학자들이 프랑스에 가서 페르트가 도끼를 발견했던 지점을 방문하고 그를 지지하는 의사 표명을 하는 일까지 벌어졌다.

4년 후 지질학자인 라이엘(83페이지 참조)은 페르트

역주) 5 진화력(evolutionary force): 진화를 일으키는 힘, 19세기에는 생명체를 살아있게 하는 힘인 생기력(vital force), 발생을 일으키는 힘인 발생력 등 힘의 개념을 선호했다. 본문 중의 내적인 힘도 그런 표현 중 하나이다.

의 발견물을 증거로 삼아 〈오래된 인류(The Antiquity of Man)〉란 책을 펴냈고 책 속에서 다윈의 생각을 강력하게 지지했을 뿐 아니라 이를 인간에게도 명확히 적용했다. 헉슬리(118페이지 참조) 또한 이러한 입장을 다룬 책을 펴냈다.

1871년 다윈은 두 번째의 탁월한 저서 〈인간의 유래(The Descent of Man)〉를 통해 인간 진화에 찬성하는 측에 합류했다. 책에서 그는 진화의 표시로 삼는 인간의 흔적 기관에 대해 다루었다. (인체에는 많은 흔적 기관이 있다. 충수돌기는 박테리아에 의한 분해가 일어나도록 음식을 저장하는 데 한때 쓸모가 있었던 흔적 기관이다. 등뼈의 기부[역주) 6]에 네 개의 뼈가 있는데 이는 한때 꼬리의 일부였다. 귀를 움직일 수 있도록 만들어진 쓸모없는 근육도 있는데, 이는 움직이는 귀가 있던 조상에게서 물려받은 것이다. 기타 등등.)

간접적인 증거만 있었던 것은 아니다. 고대 인간이 직접 등장했다. 1856년 독일 라인란트의 네안데르탈 협곡에서 오래된 두개골이 발굴되었다. 명백히 사람의 두개골이었지만 보통의 인간 두개골보다 더 원시적이고 유인

역주) 6 미골의 존재를 이르는 표현일 것이다.

원 같아 보이는 두개골이었다. 지층의 위치로 보아 수만 년은 됨직했다. 당장 논란이 벌어졌다. 그것은 나중에 현생 인류로 진화한 원시적인 형태의 인간일까? 아니면 단순히 뼈에 병이 있거나 선천성 두개골 기형인 평범한 미개인일까?

독일의 의사 피르호(Rudolf Virchow, 1821-1902)는 후자라고 주장했는데, 그는 저명한 권위자였다. 한편 그 당시 전 세계에서 가장 유명한 두개골 구조의 전문가였던 프랑스인 외과의 브로카(Paul Broca, 1824-80)는 어떠한 현대인도 건강하든 병들었든 '네안데르탈인' 같은 두개골을 가질 수 없으며 따라서 네안데르탈인은 현대인과 몇 가지 점에서 꽤 다른 초기 형태의 인류라고 주장했다.

문제를 해결하기 위해선 다른 발견물이 필요했다. 인간과 원숭이 사이의 진짜 중간인 화석, 즉 '잃어버린 고리'(missing link)의 발견 말이다. 미싱 링크는 화석 연구자들 사이에서는 유명한 것이었다. 예를 들어 1861년 대영박물관은 암석 속에 날개의 흔적이 있어 분명히 조류이긴 하지만, 도마뱀 같은 꼬리에 도마뱀 같은 이빨도 있는 생물의 화석을 입수했다. 즉시 이 화석은 조류가 파충류로부터 진화했다는 가장 좋은 증거로 채택되었다.

그러나 인간의 미싱 링크를 찾는 일에 수십 년 동안 성과가 없었다. 마침내 성공은 네덜란드의 고생물학자 뒤부아(Marie Eugène François Thomas Dubois, 1858-1940)에게 찾아왔다. 뒤부아는 미싱 링크를 찾을 희망에 불타고 있었다. 그가 보기에 원시인 같은 생물은 유인원이 많이 사는 지역, 즉 고릴라와 침팬지의 서식지인 아프리카 또는 오랑우탄과 긴팔원숭이의 서식지인 동남아시아에서 찾아야 할 것 같았다.

1889년 그는 네덜란드 정부로부터 자바(그 당시 네덜란드령)의 화석 조사를 의뢰받자 대단한 열정을 갖고 그 일에 뛰어들었다. 몇 년이 채 걸리지 않아 그는 의심할 여지없이 원시인의 것으로 보이는 두개골 한 개, 대퇴골 한 개, 이빨 두 개를 발견했다. 두개골은 현생 유인원의 것보다는 꽤 컸지만, 현생 인류의 것에 비해선 꽤 작았다. 이빨 역시 유인원과 인류의 중간이었다. 뒤부아는 이들 뼈잔류물의 주인 생물에게 '피테칸트로푸스 에렉투스'(직립원인)란 이름을 붙였고 상세한 내용을 1894년 책으로 펴냈다.

또 다시 대단한 논란이 벌어졌지만 중국과 아프리카에서 유사한 발견이 잇따르자 많은 미싱 링크가 존재한다는 사실을 결국 받아들이게 되었다. 인류 진화나 진화 일반에 대한 합리적인 의심이 더 이상 남아있지 않게 되었다. 반진화의 정서가 19세기에는 많았고, 오늘날까지도 일부가 남아있다. 그러나 이는 글자 그대로의 성경을 고집하는 근본주의 종파에 국한되게 되었다. 이제 평판 있는 생물학자 중에서 반진화적인 정서를 상상하기란 어렵게 되었다.

진화론의 파급

반진화론이 잘못이었다면 진화론이 맞지 않는 분야에까지 진화를 지나치게 적용시킨 것도 잘못이었다. 영국의 철학자 스펜서(Herbert Spencer, 1820-1903)는 다윈의 책 출판 전부터 진화의 개념을 갖고 있었던 터여서 다윈의 책을 기회로 삼았다. 그는 인간 사회와 문화에 대한 자신의 생각을 다윈의 책에 덧보탰다. 그렇게 해서 **사회학(sociology)**의 창시자가 되었다.

스펜서는 인간 사회와 문화가 균일하고 단순한 수준에서 시작하여 현재의 다양하고 복잡한 상태로까지 진화했다고 생각했다. 그가 '진화'(evolution)란 용어와 '적자생존'(survival of the fittest)이란 말을 대중화시켰다. 스펜서가 보기에 인간은 타인과 끊임없는 경쟁 상태에 놓여있으며 약자일수록 지기 마련인 듯했다. 스펜서는 이를 진화적 진보에 불가피하게 수반하는 일로 여겨, 1884년에는 취업 불가능한 사람이나 사회에 짐이 되는 사람은 도움과 자비의 대상이 되는 것이 아니라 죽을 수 있도록 해 줘야 한다는 과격한 주장까지 폈다. 친절함이나 상냥함은 진화적 진보[역주) 7]에 방해가 되고 따라서 결국 해로운 것이라고 주장했다.

그러나 이는 진화란 말을 부적절하게 사용한 사례일 것이다. 다윈의 자연선택 메커니즘에는 긴 시간이 필요하기 때문이다. 사실 스펜서가 인간 역사의 신속한 변화를 정당화할 수 있는 유일한 방법은 라마르크의 방식(75페이지 참조)을 따라 일종의 획득형질 유전 방식을 채택하

역주) 7 진화적 진보(Evolutionary advancement or evolutionary progression) : 진화와 진보를 동일시한 개념. 19세기 중반의 영국은 산업혁명과 식민지 경영 등의 영향으로 발명, 개혁, 진보, 경쟁 등이 유행어였다. 다윈 자신은 진화의 방향성을 부정하여 진화라는 용어마저 사용을 꺼렸지만, 진화의 방향성을 진보 쪽으로 고집하는 이들이 많았다. 결국 '정향진화'라는 주장으로 흘러갔지만, 이는 진화의 오개념, 즉 다윈의 진화를 잘못 이해한 보기 중 하나이다.

는 것이다. 그리고 스펜서는 노인과 병약자를 돌보면 개인 구성원이 보다 그 사회에 헌신할 것이기 때문에 그런 사회에 생존가[역주)8]가 있을 것이란 사실도 무시했다. 사실 문명의 역사는 농업과 공업의 사회적 협력이 사냥과 유목의 서로 잡아먹는 개인주의를 누르고 결국 승리를 거두었음을 기록하고 있다.

그럼에도 불구하고 스펜서식 진화 사상은 역사에 영향을 끼쳤다. 제1차 세계대전 이전 수십 년 동안 극단적인 애국주의자와 군국주의자들에게 전쟁이 최적자의 생존을 보장하니까 전쟁은 '선한' 것이라고 말할 기회를 줬기 때문이다. 다행히도 전쟁의 역할에 대한 그런 비현실적인 망상은 더 이상 존재하지 않게 되었다.

논란의 또 다른 갈림길은 다윈의 사촌이자 영국의 고생물학자인 갈톤(Francis Galton, 1822-1911)에 의해 비롯되었다. 갈톤은 인생의 초년을 탐험가와 기상학자로 보냈으나 사촌의 책 출판 이후 생물학으로 전향했다. 그는 특히 유전 연구에 흥미를 보여 유전의 영향이 동일하다고

역주) 8 생존가(survival value): 어떤 특징이 자연선택에 유리하게 작용하는 정도를 수치화한 개념. 높을수록 그 특징을 가진 개체는 생존할 확률이 높고 따라서 그 특징은 다음 세대로 전달된다.

가정하면 그 차이는 오직 환경에 기인할 수밖에 없는 일란성 쌍생아의 연구 중요성을 최초로 강조했다.

높은 지적 능력을 가진 가계를 조사하던 중에 갈톤은 지적 능력이 유전된다는 증거를 제시할 수 있게 되었다. 그런 끝에 그는 인간의 지성과 기타 바람직한 특성을 적절한 결혼에 의해 늘릴 수도 있고, 바람직하지 않은 특성을 인종에서 솎아낼 수도 있을 것이란 생각을 하게 됐다. 1883년 그는 이런 일의 연구에 '우생학'(eugenics)이란 이름을 붙였다. 그는 자신의 유언장 속에 우생학 연구를 위한 실험실 설립에 필요한 유산에 대해 언급하기도 했다.

불행히도 유전에 관한 정보가 더 많이 모일수록 생물학자들은 결혼 선택(말하자면 목적이 있는 진화)에 의한 인종 개량이 단순한 문제가 아님을 더욱 더 확신하게 되었다. 사실 꽤 복잡한 문제임이 확실해 보였다. 우생학은 생물학 연구의 한 합법적인 분야로 남았지만, 시끄러운 우생주의자는 개인적인 목적으로 인종차별주의의 큰 북을 울리는 데 과학의 언어를 쓰는 소수의 비과학자들에 국한 되었다.

7장 유전학의 시작

다윈 이론의 틈새

진화론의 오적용이 왜 그렇게 많이 일어났는가 하면 유전 메커니즘을 19세기에는 몰랐기 때문이다. 생물학자들도 일반적으로 몰랐던 그 무지 때문에 스펜서는 인간 행동의 신속한 변화를 상상해냈는가 하면, 갈톤은 선택적 결혼이란 빠르고도 손쉬운 계획으로 인종 개량을 상상해냈다.

사실 유전 메커니즘의 이해 부족이 다윈 이론의 가장

애석한 약점이었다. 약점을 간단히 말하자면 다음과 같다. 다윈은 어떤 종이라도 새끼에 임의의 변이가 끊임없이 존재하며 일부의 변이는 다른 변이보다 동물을 환경에 보다 적합하도록 만들 것이라고 생각했다. 우연히 목이 길게 자라난 기린이 가장 잘 먹는 기린이 되는 식이다.

그러나 가장 긴 목이 어떻게 하여 전달될 수 있을까? 기린은 긴 목의 짝을 열심히 찾을 것 같지 않고 오히려 짧은 목의 짝을 찾을 것만 같다. 다윈은 육종의 경험으로부터 긴 목의 기린과 짧은 목의 기린을 짝짓기 시키면 그 사이에 중간 길이의 목을 갖는 새끼가 태어나듯이 극단적인 것끼리 교배시키면 형질의 혼합이 일어날 것으로 가정했다.

달리 말해 임의의 변이에 의해 생겨난 모든 유용한, 잘 맞는 형질들은 임의의 짝짓기를 행한 결과, 두드러지지 않는 중간으로 평균화되고 말 것이기 때문에, 결국 자연선택이 진화를 일으키기 위해 붙잡을 것이라곤 아무것도 남아 있지 않게 될 것이다.

일부 생물학자가 이를 설명해내려는 시도를 했으나 성공을 거두진 못했다. 다윈주의의 열렬한 지지자였던 스위스의 식물학자 네겔리(Karl Wilhelm von Nägeli, 1817-91)도 이러한 어려움을 잘 알고 있었다. 그래서 그는 특정한 방향으로 몰고 가는 내적인 힘이 진화에 틀림없이 있다는 가정을 하기에 이르렀다.

말은 화석 기록에 알려진 대로 개만한 크기에, 각각의 발에 네 개의 발굽이 있는 생물로부터 유래했다. 시간이 지남에 따라 후손의 크기가 계속해서 커지고 발굽을 하나씩 잃어 마침내 오늘날의 크고 발굽이 하나인 말이 생겨났다. 네겔리는 크기가 커지고 발가락 수가 줄어드는 방향으로 말을 끊임없이 밀어붙이는 내적인 추동력이 있으며, 이 추동력은 어울리지 않을 만큼 너무나 크고 볼품이 없어서 해로울 정도여도 멈추지 않고 계속될 수도 있다고 생각했다. 적으로부터 도망칠 수 없을 정도라면 수적으로 차츰 줄어들게 될 것이고 결국 멸종에 이르게 될 것이다.

이러한 이론을 '정향진화'(orthogenesis)라 하는데 오늘날의 생물학자들은 받아들이지 않고 있다. 이제 곧 살펴보겠지만, 네겔리 마음 속의 그러한 생각은 예기치 않은 방향으로 해를 끼치게 되었다.

멘델의 완두콩

문제에 대한 답, 오늘날 받아들이고 있는 답은 오스트리아의 수도승이자 아마추어 식물학자인 멘델(Gregor Mendel, 1822-84)의 연구를 통해 나왔다. 멘델은 식물학과 수학 모두에 흥미가 있었는데 둘을 결합해 1857년부터 8년 동안 완두를 통계학적으로 연구했다.

멘델은 주의 깊게 각종 식물을 자가수분시킴으로써 유전되는 어떤 형질이든 한 쌍의 부모로부터 유전된다는 확신을 얻었다. 각각의 자가수분한 완두 개체로부터 얻은 씨앗을 조심스럽게 남기고, 각각 심어서, 새로운 세대를 조사했다.

그는 키 작은 완두의 씨앗을 심으면 키 작은 완두만이 싹을 틔운다는 것을 알아냈다. 두 번째 세대가 만들어낸 씨앗에서도 오직 키 작은 완두만이 자라났다. 키 작은 완두는 '순수하게 번식하는'(bred true) 완두였다. 역주) 9

그러나 키 큰 완두의 씨앗은 늘 이런 식으로 되진 않았다. 일부의 키 큰 완두(멘델의 정원에 있던 완두의 약 1/3)는 세대마다 키 큰 완두를 만들어냄으로써 순수하게 번

역주) 9 저자는 '순수 번식'이란 표현을 쓰고 있지만, 보통은 '순종'(purebred)이란 표현을 쓴다.

식했다. 그러나 나머지는 그렇지 않았다. 이들 키 큰 완두의 일부 씨앗에서는 키 큰 완두가 자라났으나, 일부에서는 키 작은 완두가 자라나기도 했다. 이들 씨앗에서 자라나는 키 큰 완두의 수는 항상 키 작은 완두 수의 두 배였다.[역주) 10] 그러므로 키 큰 완두에는 분명 순수하게 번식하는 것과 그렇지 않은 것의 두 종류가 있었다.

멘델은 한 발자국 더 나아갔다. 순수 번식의 키 큰 완두를 키 작은 완두와 교잡하여 잡종 씨앗을 얻으면, 그 씨앗에서는 모두 키 큰 완두만이 생긴다는 것을 알아냈다. 작은 키의 형질은 사라진 듯이 보였다.

그 다음 멘델은 잡종 개체를 각각 자가수분시켜 생겨난 씨앗을 조사했다. 잡종 개체는 모두 순수 번식하는 완두가 아님을 알았다. 왜냐면 씨앗의 약 1/4은 키 작은 완두로 자라났고, 1/4은 순수 번식의 키 큰 완두로 자라났고, 나머지 반은 순수하게 번식하지 않는 키 큰 완두로 자라났기 때문이다.

멘델은 키와 같은 특정 형질마다 두 개의 인자가 완두

역주) 10 원문은 두 배로 되어 있으나 키 큰 잡종개체가 자가수분을 하면 3:1의 분리비로 씨앗이 생길 테고 그 씨앗이 자라면 키 큰 완두는 키 작은 완두에 비해 두 배가 아닌 세 배가 될 것이다.

에 들어있다고 가정함으로써 이 모두를 설명했다. 식물의 웅성 부분에 하나가 들어 있고, 자성 부분에 나머지 하나가 들어 있다. 수분 때 두 인자가 결합해서 새로운 세대는 한 쌍(두 식물 사이의 교배에 의해 생기는 경우라면 부와 모로부터 하나씩)을 갖게 된다. 키 작은 식물에는 '키 작은' 인자만이 있고, 타가수분이든 자가수분이든 이들의 결합으로부터는 키 작은 식물만이 생겨난다. 키 큰 순수 번식의 식물에는 '키 큰' 인자만이 있고 결합하게 되면 키 큰 식물만이 생겨난다.

순수 번식의 키 큰 식물을 키 작은 식물과 교배하면, 키 큰 인자가 키 작은 인자와 결합하여 다음 세대는 잡종이 될 것이다. 키 큰 인자가 '우성'(dominant)으로 '키 작은' 인자의 효과를 누를 것이므로, 그들은 모두 큰 키가 되고 말 것이다. 그러나 '키 작은' 인자는 여전히 거기에 존재하고 있을 것이다. 없어지지 않았을 것이다.

그런 잡종을 자가수분이나 타가수분하면 이들이 순수하게 번식하지 않음을 알 수 있을 것이다. 양쪽 인자가 다양한 방식(우연에만 좌우되는)으로 조합될 것이기 때문이다. '키 큰' 인자가 다른 '키 큰' 인자와 결합해 순종의 키 큰 식물이 생길 수 있다. 이는 1/4의 확률로 일어날 것이다. '키 작은' 인자가 다른 '키 작은' 인자와 결합해 키 작은 식물이 생길 수 있다. 이도 또한 1/4의 확률로 일어날 것이다. 확률의 나머지 반은 '키 큰' 인자가 '키 작은' 인자와 또

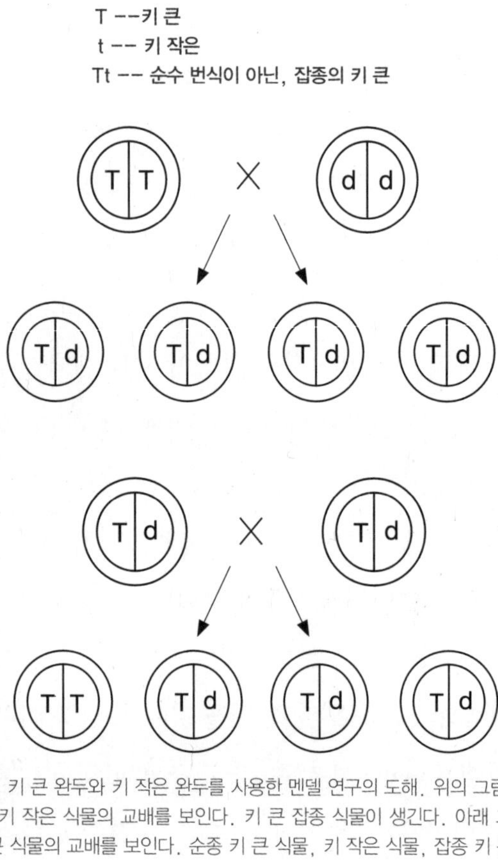

그림 3. 키 큰 완두와 키 작은 완두를 사용한 멘델 연구의 도해. 위의 그림은 키 큰 식물과 키 작은 식물의 교배를 보인다. 키 큰 잡종 식물이 생긴다. 아래 그림은 잡종 키 큰 식물의 교배를 보인다. 순종 키 큰 식물, 키 작은 식물, 잡종 키 큰 식물이 1 : 1 : 2의 비로 생긴다.

는 '키 작은' 인자가 '키 큰' 인자와 결합해서 순수하게 번식하지 않는 키 큰 식물을 만들어내는 경우일 것이다.

멘델은 이어서 키 이외의 형질들의 유전 방식도 비슷하게 설명할 수 있음을 보여줬다. 그가 조사한 각 형질들의 경우, 양 극단의 교배는 중간의 혼합으로 끝나지 않았다. 극단은 각자의 정체성을 여전히 유지했다. 한 세대에서 사라진다면, 다음 세대에서 나타났다.

멘델은 자신의 설명을 진화론에 적용할 생각을 전혀 한 적이 없지만 이는 진화론의 설명에 중요한 일이었다. 종에 생겨난 임의의 변이가 시간의 경과에 따라 결국 평균화되는 것이 아니라, 사라지고 나타나기를 반복한 끝에 마침내 자연선택이 이들을 충분히 이용할 수 있기 때문이다.

임의의 짝짓기 이후 형질이 흔히 중간이 되는 듯이 보인 이유는 동식물 육종가들이 별 생각 없이 관찰한 대부분의 '형질'이 실은 형질의 조합이기 때문이다. 각 성분은 독립적으로 유전될 수 있고 각자는 예-아니면-아니오 식으로 유전되지만 일부 예와 일부 아니오의 전체적인 결과는 중간으로 나타날 수 있다.

멘델의 발견은 우생학의 관념에도 영향을 미쳤다. 바람

직하지 않은 형질을 근절하는 것은 생각만큼 쉬운 일이 아니었다. 한 세대에선 안 나타날지 모르지만, 그 다음 세대에서 불쑥 나타날 수 있기 때문이다. 선발 번식은 우생학자 갈톤의 상상 이상으로 보다 까다롭고 보다 시간이 걸리는 일일 것이다.

그러나 세계는 아직 이 모든 일을 알 수가 없었다. 멘델은 자신의 실험 결과를 정성들여 논문으로 정리했지만 아마추어인 자신의 처지를 자각하고선 유명한 식물학자의 관심과 추천을 받는 게 좋겠다고 생각했다. 그리하여 그는 1860년대 초 네겔리에게 논문을 보냈다. 네겔리는 논문을 읽고 차갑게 비평했다. 그는 완두 수 세기에 근거한 이론에 별다른 감명을 못 느꼈다. 자신의 정향진화처럼 그는 모호하고 장황한 신비주의에 끌리는 쪽이었다.

멘델은 낙심했다. 1866년 논문을 발표하긴 했지만, 더 이상 연구를 계속하진 않았다.[역주) 11] 게다가 네겔리의 추천이 없었던 그 논문은 무시되었고 주의를 끌지 못했다.

역주) 11 생물학사상 무척 중요한 이 사건에 대한 흔한 연대는 1865년이다. 그 해에 멘델이 학회에서 발표했기 때문이다. 그리고 '식물잡종에 대한 실험'이라는 그 유명한 논문은 이듬해인 1866년 학회지에 실렸다. 그 논문에서 '우성'과 '열성'이란 표현이 처음으로 쓰였다. '유전자'(gene)란 용어는 멘델의 'gemmule', 드 브리스의 'pangene'을 거쳐 1909년 요한센이 등록했다. '유전학'(genetics)은 1905년 베이트슨(William Bateson)이 쓰기 시작했다.

멘델은 우리가 이제 **유전학**(genetics)이라 부르는 것의 기초를 마련했지만, 그 당시는 자신도 그 어느 누구도 그것을 알지 못했다.

돌연변이

19세기 후반 진화와 관련하여 또 하나의 문제가 발생했다. 지구 역사의 긴 시간 눈금은 물리학의 새로운 발견으로 인해 갑작스레 훨씬 짧은 것으로 여겨졌다. 에너지 보존 법칙의 발표와 더불어 태양 에너지는 어디서 왔는가 하는 의문이 솟아났다. 그 당시는 방사능이니 핵에너지니 하는 것을 몰랐던 때이므로 태양이 현재의 상태로 수천만 년[역주) 12] 이상 존재하고 있다는 것을 19세기로선 충분히 설명할 도리가 없었다.

이는 정상적인 다윈식의 진화가 일어나기에 불충분한 시간이었기에 네겔리와 쾰리커 같은 일부 생물학자는 진화 과정에 도약이 있었던 것이 아닐까 하고 생각하였다. 짧은 시간 눈금이 틀렸다는 것을, 결국 진화에 할당된 시

역주) 12 원문 표현에는 수천만 년 앞에, at most(기껏, 많아 봐야)의 표현이 있었으나 뜻을 이해할 수 없었기에 빼고 말했다.

간을 아낄 필요가 없다는 것을 알게 되었지만, 도약진화의 제안은 효과적임이 판명되었다.

도약진화를 제안했던 사람 중의 한 명인 네덜란드의 식물학자 드 브리스(Hugo de Vries, 1848-1935)는 버려진 초지에 난 미국 달맞이꽃의 군락을 우연히 보게 되었다. 이들은 네덜란드에 들어온 지 좀 되는 외래 식물이었는데, 식물학자 드 브리스의 안목은 이들 달맞이꽃의 일부가 최초의 식물에서 똑같이 유래했음에도 불구하고 외관상 나머지와 크게 다르다는 사실을 놓치지 않았다.

그는 이들을 자신의 정원으로 가져와 따로 키우면서 멘델이 한 세대 전에 도달했던 것과 같은 결론에 차츰 도달했다. 그는 개별 형질이 혼합되거나 중간이 되는 일 없이 세대에서 세대로 전달된다는 것을 알아냈다. 한 발 더 나아가 다른 것들과 아주 다른, 새로운 변종 식물이 가끔 나타날 것이고 그러면 이 새로운 변종은 다음 세대를 통해 영속할 것이라는 것을 알아냈다. 드 브리스는 이러한 갑작스런 변화를 '돌연변이'(mutation, 변화를 뜻하는 라틴어에서 유래)라 했고 바로 자신의 눈 앞에서 도약진화가 벌어지고 있는 것으로 받아들였다. (실제로 달맞이꽃이 보인 돌연변이의 종류는 유전 인자의 변화를 포함하지 않는 다소 단순한 종류였다. 그러나 곧 그런 변화를 포함하는 진짜 돌연변이를 연구하게 되었다.)

이러한 일은 괴짜나 변종을 자주 목격하는 목동과 농부에게는 익히 알려져 있는 일이었다. 그들은 일부 변종을 이용하기조차 했다. 예를 들어 다리가 짧은 양(돌연변이)은 1791년 뉴잉글랜드에서 출현했다. 다리가 너무 짧아 낮은 울타리마저 뛰어넘을 수 없어서 쓸모가 있었기에 번식시키고 보존하게 되었다. 그러나 목동은 관찰한 것으로부터 이론적인 결론을 도출해 내는 일이 없었고, 과학자는 양떼 키우기에 관여하는 일이 없었다.

그러나 드 브리스로 인해 현상과 과학이 마침내 만나게 되었다. 1900년 자신의 발견을 발표할 준비를 마치고 그 주제를 다룬 이전의 연구를 조사하다가 그는 놀랍게도 34년이나 묵은 멘델의 논문을 찾아내었다.

드 브리스가 몰랐던, 서로도 몰랐던, 두 명의 다른 식물학자 독일의 코렌스(Karl Erich Correns, 1864-1933)와 오스트리아의 체르마크(Erich Tschermak von Seysenegg, 1871-1962)도 같은 해에 드 브리스와 비슷한 결론에 도달했다.

두 사람 또한 각각 자신의 주제에 대한 이전 연구를 점검하던 중에 멘델의 논문을 발견했다.

드 브리스, 코렌스, 체르마크 세 사람 모두 연구 결과를 1900년에 발표했고, 모두 멘델의 논문을 인용했고, 자신들의 연구는 그저 확증으로 올렸을 뿐이었다. 그렇게 해서 우리들이 멘델의 유전 법칙이란 말을 쓰게 되었다. 멘델의 유전 법칙과 드 브리스의 돌연변이 발견을 합치면 변이가 생겨나고 보존되는 방식이 설명된다. 그리하여 원래 다윈 이론이 안고 있던 단점이 제거되었다.

염색체

멘델의 법칙은 1866년보다 1900년에 보다 중요해졌다. 그 사이에 세포에 관한 새로운 중요한 발견이 이루어졌기 때문이다.

18세기 및 19세기 초에 세포를 관찰했던 이들은 현미경이 개선되었음에도 많은 것을 보진 못했다. 세포는 실제로 투명했고 세포 내 물질도 마찬가지였다. 결과적으로 그것은 거의 특징 없는 방울처럼 보였고, 생물학자는 전반적인 크기며 모양을 묘사하는 데 만족해야 했다. 그런 정도였다. 중심 부근에서 일부 짙은 부위(이제는 '세포핵'이라 함)가 있었지만, 이를 세포의 규칙적인 특징으로 파악한 최초의 생물학자는 스코틀랜드의 식물학자 브라운(Robert Brown, 1773-1858)이었다. 1831년 그는 이를 제안했다.

7년 후 슈라이덴이 세포설(106페이지 참조)을 제기할 때 그는 세포핵이 꽤 중요하다고 생각했다. 그는 세포핵이 생식과 관계가 있으며 새로운 세포가 핵 표면에서 자라난다고 보았다. 1846년 네겔리에 의해 이는 사실이 아님이 밝혀졌다. 그러나 슈라이덴의 직감이 그를 완전히 잘못된 길로 인도한 것만은 아니다. 핵이 세포의 증식에 관여하기 때문이다. 그러나 상세한 내용은 세포의 내부를 볼 수 있는 새로운 기술을 기다려야 했다.

그 기술은 유기화학을 통해 왔다. 베르틀로를 필두로 하여 유기화학자들은 자연에 존재하지 않는 유기물질들을 만드는 방법을 재빨리 터득하고 있었다. 이러한 것들 중 많은 것들이 환한 색이었고, 정말 1850년대는 대규모 '합성염료' 공업이 시작된 시기였다.

이제 세포의 내부가 이질적이라고 하면, 일부는 특정 화합물과 반응해 그것을 흡수하고 나머지는 그렇게 하지 않을 가능성이 꽤 컸다. 화합물이 염료라면, 세포의 일부는 착색될 테지만 나머지는 무색인 채로 남을 것이다. 이전에는 보이지 않던 상세한 부분이 그러한 '색소' 덕분에 보이게 될 것이다.

많은 생물학자들이 이런 방식으로 실험을 하여 대단한 성공을 거뒀는데 독일의 세포학자 플레밍(Walther Flemming, 1843-1905)도 그 중 한 사람이었다. 플레밍은 동물세포를 연구했는데, 그가 취급하는 염료를 강하게 흡수하는 물질이 핵 안에 여러 점으로 흩어져 존재한다는 것을 발견했다. 이들은 무색의 배경에 비해 밝게 두드러졌다. 플레밍은 이 흡수성 물질에 '염색질'(chromatin)이란 이름을 붙였다. '색깔'을 뜻하는 그리스어에서 유래한 이름이었다.

플레밍이 성장 중인 조직의 박편을 염색했을 때, 물론 세포는 죽었지만, 각자의 분열 단계가 달랐다. 1870년대에 플레밍은 세포분열의 진행에 수반하는 염색질의 변화를 알아낼 수 있었다.

그는 세포분열 과정이 시작될 때 염색질이 짧은 실 같은 물체로 합쳐진다는 것을 발견하고 후에 이를 염색되는 물체라는 '염색체'(chromosome)로 명명했다. 이들 실 같은 염색체들이 세포분열에서 너무나 독특했기 때문에 플레밍은 그 과정을 '유사분열'(mitosis, 실을 뜻하는 그리스어에서 유래)로 명명했다.

유사분열의 시작에 동반되는 또 다른 변화에 '성상체'(aster, 별을 뜻하는 그리스어)가 있다. 이러한 이름은 별에서 나가는 광선처럼 작은 점 같은 물체에서 가는 실이 사방으로 뻗어나가기 때문에 붙여졌다. 성상체는 분열하고 두 부분으로 분리되고 서로 반대쪽으로 이동한다. 한 성상체에서 다른 성상체로 뻗는 가는 실이 염색체를 붙들어 매어 세포의 적도면을 따라 정렬하도록 만드는 것 같다.

세포분열의 중요한 시기에 각 염색체는 자신의 복제품을 만든다. 두 배가 된 염색체는 그 뒤 떨어지게 되어 각 쌍 중 한 염색체는 세포의 한 쪽 끝으로 가고, 다른 염색체는 다른 쪽 끝으로 가게 된다. 그러면 세포가 분열하여 새로운 막이 중심을 가로질러 생긴다. 이전에 한 개의 세포가 있던 곳에 이제 두 개의 딸세포가 있게 되고, 딸세포 각

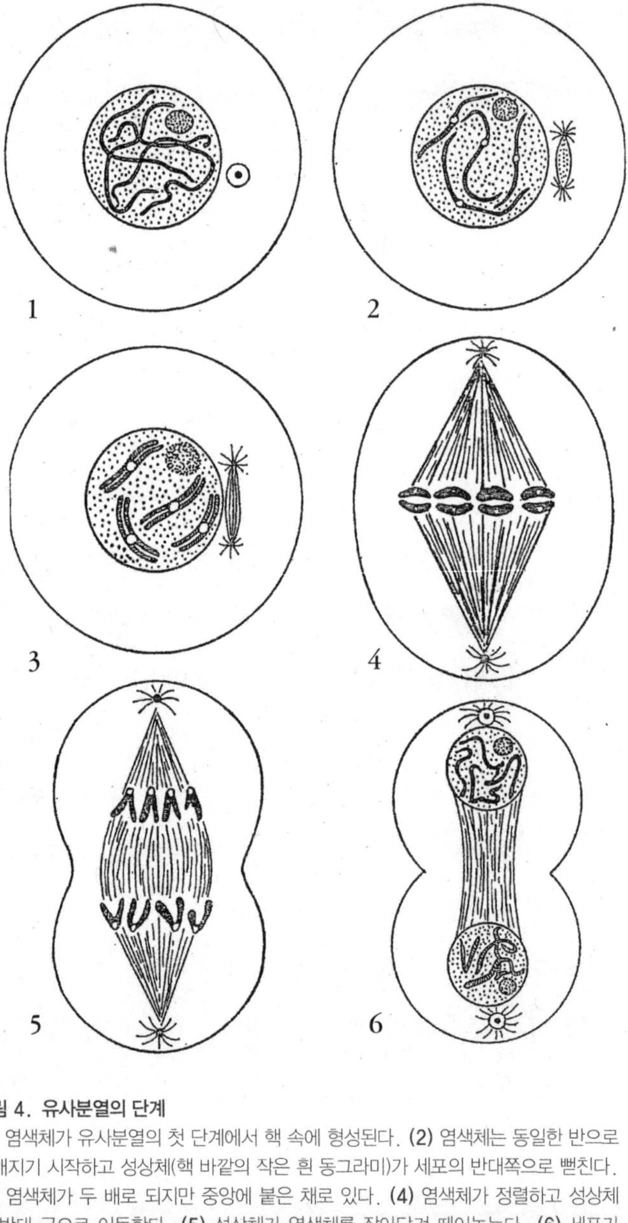

그림 4. 유사분열의 단계

(1) 염색체가 유사분열의 첫 단계에서 핵 속에 형성된다. (2) 염색체는 동일한 반으로 쪼개지기 시작하고 성상체(핵 바깥의 작은 흰 동그라미)가 세포의 반대쪽으로 뻗친다. (3) 염색체가 두 배로 되지만 중앙에 붙은 채로 있다. (4) 염색체가 정렬하고 성상체는 반대 극으로 이동한다. (5) 성상체가 염색체를 잡아당겨 떼어놓는다. (6) 세포가 길어지기 시작하여, 마침내 자체 핵이 있고 첫 단계의 모세포와 염색질 양이 같은, 두 개의 똑같은 새로운 세포를 형성하게 된다.

각은 원래 모세포에 있던 것과 똑같은(염색체의 양이 두 배로 불어난 덕분에) 양의 염색질을 갖게 된다. 플레밍은 이러한 발견들을 1882년에 발표했다.

벨기에 세포학자 베네당(Eduard van Beneden, 1846-1910)이 연구를 이어갔다. 1887년 그는 염색체에 관한 두 가지 중요한 사항을 입증할 수 있었다. 첫째, 그는 염색체의 수가 생물의 세포에서 일정하며 각각의 종은 특유의 수를 갖는다는 증거를 제시했다. (예를 들어 사람 세포는 46개의 염색체를 갖는다는 것이 알려져 있다.)

나아가 베네당은 생식 세포인 난자(알 세포) 및 정자의 형성 과정에서는 세포분열 중 한 과정에서 복제가 염색체 분열에 선행하지 않음을 발견했다. 그러므로 각각의 정자 및 난자 세포는 보통 수의 절반만을 받게 된다.

일단 멘델의 연구가 드 브리스에 의해 발견되자 염색체에 관한 이 모든 연구가 갑자기 주목을 끌게 되었다. 미국의 세포생물학자 서턴(Walter S. Sutton, 1876-1916)은 1902년 염색체가 멘델의 유전인자처럼 행동한다는 것을 지적했다. 각 세포는 정해진 수의 염색체 쌍을 갖는다. 이들이 물리적인 특성을 만들어내는 능력을 세포에서 세포로 나른다. 매번의 세포분열에서 염색체의 수가 조심스럽게 보존되기 때문이다. 염색체 각자가 새로운 세포에서 쓸 목적으로 자신의 복제품을 생산해 내기 때문이다.

난자 세포(또는 정자 세포)가 형성될 때, 각각은 보통 염색체 수의 절반(각 쌍 중 하나)만을 받는다. 정자와 난자의 결합으로 수정란이 생길 때, 염색체의 온전한 바른 수가 회복된다. 수정란이 분열하고 재분열하여 독립 생활하는 생물을 만들 때, 염색체의 수는 다시 한 번 조심스럽게 보존된다. 그러나 새 생물에서 염색체 각 쌍 중 하나는 난자 세포를 거쳐 어머니에게서 온 것이고 나머지 하나는 정자 세포를 거쳐 아버지에게서 온 것이다. 세대마다의 이러한 염색체 뒤섞기는 우성형질에 가려 빛을 못 본 열성형질을 드러내는 경향이 있다. 전혀 새로운 조합으로 인해 자연선택이 대상으로 삼을 수 있는 형질의 온갖 변이들이 생겨나게 된다.

20세기가 밝아옴에 따라 유전학과 진화론은 일종의 정점에 달한다. 그러나 이는 새로운, 놀랍기까지 한 진보의 서곡에 불과했다.

8장 생기론의 몰락

질소와 식품, 다이어트

다윈의 자연선택에 의한 진화론이 인류의 뿌리 깊은 신념에 아무리 혼란스러웠다고 해도, 그 이론은 생명의 경이를 제대로 본 것이었고 또 더하는 것이었다. 아주 단순한 시작으로부터 생명은 환경의 압력하에서 복잡성 및 효율의 증가를 끝없이 쟁취해 왔다. 변함없는 무생물계의 그것과 비교할 것이 아니었다. 산이 솟아올랐을지 모르나 영겁 전에도 다른 산은 있었다. 그러나 생명은 늘 새로웠고 늘 달랐다.

다윈의 이론은 처음에는 언뜻 보아 생기론, 즉 사람의 마음속의 생물과 무생물 사이에 있는 장벽에 유리해 보였다. 정말 생기론은 19세기 후반에 인기의 절정에 달했다.

19세기 생기론의 위협은 유기화학자들이 이뤄낸 진보 (95페이지 참조)에 있었다. 그러나 생기론자들은 이에 맞서 단백질 분자를 방패로 삼았고 그 세기가 거의 끝날 무렵에야 내려놓았다. 그만큼 그 방패는 튼튼했다. 19세기의 생화학은 그 단백질 분자에 아주 크게 관심을 기울였다.

생명에 단백질이 중요하다는 것은 프랑스의 생리학자 마장디(François Magendie, 1783-1855)에 의해 비로소 밝혀졌다. 나폴레옹 전쟁에 의해 유발된 경제적인 혼란으로 인해 식품 부족 시기가 초래되어 가난한 사람의 상황은 여느 때보다 나빴다. 정부는 국민의 상황에 책임을 느끼기 시작하여 마장디에게 젤라틴 같은 값싸고 손쉬운 것으로부터 영양가 있는 식품을 만들 수 있는지를 연구해 보라는 명령을 내렸다.

마장디는 1816년 당, 올리브유, 물만이 들어있는 즉, 단백질이 빠진 식품을 개에게 먹이는 것으로 연구를 시작했다. 동물은 굶어 죽고 말았다. 칼로리만으로는 충분치 않았다. 단백질은 식품의 필수 불가결한 성분이었다. 게다가 모든 단백질이 똑같이 유용한 게 아니었다. 젤라틴이 식품의 유일한 단백질인 경우에는 불행하게도 개가 역시 죽고 말았다. 이리하여 식품 및 식품과 건강의 관계에 대한 연구인, 근대의 **영양학**(nutrition)이 창시되었다.

단백질이 탄수화물이나 지질과 다른 점은 전자에는 질소가 있으나 후자에는 그렇지 않다는 것이다. 그러한 이유로 관심의 초점이 생명체의 필요성분인 질소에 모아지게 되었다. 프랑스의 화학자 부생고(Jean Baptist Boussingault, 1802-87)는 1840년대에 식물의 질소 요구 연구에 착수했다. 그는 콩과 식물(완두, 대두, 기타) 같은 일부 식물은 질소가 부족한 토양에서도 물만 주면 쉽게 자랄 수 있다는 것을 발견했다. 그들은 성장했을 뿐만 아니라 질소 함량이 꾸준히 증가했다. 그가 내릴 수 있던 유일한 결론은 이들 식물이 자신의 질소를 공기 중에서 얻는다는 것이었다. (우리는 이제 그런 일을 한 것이 식물 자신이 아니고 뿌리혹 속에 사는 '질소고정세균'의 어떤 종류임을 알고 있다.)

그러나 부생고는 연구를 계속해 동물은 질소를 공기

중에서 얻지 않고 식품에서 얻는다는 것을 보였다. 그는 일부 식품의 질소 함량을 실제로 분석한다든지 성장률과 질소 함량을 비교한다든지 함으로써 마장디의 다소 정성적인 조사를 개선하였다. 질소원으로서 단일 식품이 사용된다면 직접적인 상관관계가 존재했다. 그러나 일부 식품은 주어진 질소 함량에서 성장을 일으키는 데 있어 다른 식품보다 효과적이었다. 유일한 결론은 일부 단백질이 다른 단백질보다 몸에 영양학적으로 이롭다는 것이었다. 이에 대한 이유는 그 세기가 끝날 때까지 밝혀지지 않았지만, 1844년 부생고는 순전히 경험을 근거로 하여 단백질원으로서 식품의 상대적인 유용성에 대한 표를 작성할 수 있었다.

독일의 화학자 리비히(Justus von Liebig, 1805-73)가 이 연구를 이어 다음 십년에 걸쳐 이러한 종류의 상세한 표를 완성했다. 리비히는 기계론 쪽으로 심히 기울어 있었기에 농업 문제에 이러한 견해를 적용했다. 그는 수 년 간의 경작 후에 토양의 비옥도가 떨어지는 이유가 식물이 성장에 필요한 토양 속의 어떤 미네랄 성분을 차츰 소비하는 데 있다고 믿었다. 식물 조직에는 소량의 나트륨, 칼

륨, 칼슘, 인 등이 들어 있는데 이들은 식물이 흡수할 수 있는, 토양 속의 수용성 화합물에서 나와야만 한다. 태고적부터 동물의 배설물을 넣어줌으로써 토양의 비옥도를 높이는 것이 관습이지만, 리비히에게 이는 토양에 '생기적'(vital)인 어떤 것을 넣어준다는 의미가 아니라 토양에서 빠져나간 것을 보충해주기 위해 단지 배설물의 미네랄 성분을 넣어준다는 의미였다. 순수하고 깨끗하고 냄새도 없는 미네랄 그 자체를 넣어주면, 그래서 배설물을 다룰 필요를 생략하면 왜 안 되는 것일까?

그는 화학 비료를 실험한 최초의 과학자였다. 처음에 그의 실험은 실패로 끝났는데, 이유는 식물이 공기 중에서 질소를 얻는다고 한 부생고의 말을 너무 믿었기 때문이었다. 리비히는 결국 대부분의 식물이 토양 속의 수용성 질소 화합물로부터 질소를 얻는다는 것을 깨닫고 이를 자신의 혼합물 속에 추가하여 유용한 비료를 생산하게 되었다. 그러한 과정을 통해 부생고와 리비히 두 사람은 **농화학**(agricultural chemistry)의 기반을 마련했다.

열량 측정

훌륭한 기계론자였던 리비히는 탄수화물과 지질이 모닥불 속에 던져졌을 때 연료가 되듯이 몸에서도 연료가 될 것이라고 생각했다. 이는 반세기 전 라부아지에의 견해(88페이지 참조)에 비하면 한 걸음 진보한 것이었다. 라부아지에는 그 당시 탄소와 수소란 말을 썼을 뿐인데, 이제는 탄소와 수소 (더하기 산소로) 이루어진 탄수화물과 지질이란 말을 보다 명확하게 쓰게 되었다.

리비히의 견해는 체내에서 그러한 연료로부터 얻어지는 열량이 탄수화물과 지방을 체외에서 보통의 방식으로 태웠을 때 얻어지는 열량과 동일한지를 알아보려는 시도로 자연스럽게 이어졌다. 라부아지에의 투박한 실험은 답이 '예'임을 보여주었지만, 그때 이후로 기술이 세련되어 질문을 보다 엄밀하게 고쳐 할 필요가 생겼다.

연소 중인 유기화합물이 내는 열을 측정하는 장치는 1860년대에 개발되었다. 베르틀로(94페이지 참조)는 그러한 장치('열량계')를 써서 수백 가지의 반응에서 나오는 열을 측정했다. 베르틀로가 쓴 것과 같은 보통의 열량계에서 연소 가능한 물질이 닫힌 용기 속에서 산소와 혼합되면, 가열된 전선에 의해 혼합물에서 폭발이 일어난다. 수조가 용기를 에워싸고 있다. 연소로 생긴 열을 물이 흡수하면, 수온의 증가로부터 방출된 열량을 측정하게 된다.

생물이 내는 열을 측정하기 위해서는 그 생물이 들어갈 만큼 큰 크기의 열량계를 만들어야만 할 것이다. 생물이 소비하는 산소의 양과 방출되는 이산화탄소의 양으로부터 그 생물이 '태우는' 탄수화물과 지질의 양을 계산해낼 수 있다. 다시 에워싼 수조 속 수온 증가로 생산된 체열을 측정할 수 있다. 그런 다음 그 열을 동량의 탄수화물과 지질을 체외에서 보통 방식으로 연소해 얻은 열과 비교할 수 있다.

리비히의 제자이기도 한 독일의 생리학자 포이트(Karl von Voit, 1831-1908)는 독일의 화학자 페텐코퍼(Max von Pettenkofer 1818-1901)와 함께 동물 및 사람마저 들어갈 만한 크기의 열량계를 만들었다. 그들이 얻은 측정치는 무생명계에서 쓸 수 있는 것 이외의 궁극적인 에너지원이 생물조직에 따로 있는 게 아님을 보여주었다.

포이트의 제자 루브너(Max Rubner, 1854-1932)는 연구를 더욱 진행해 아무런 의심의 여지가 남지 않도록 만들었다. 그는 단백질뿐만 아니라 탄수화물과 지질에 대한 결론을 도출해내고자, 오줌과 분변 속의 질소 함량을 측정했으며 또한 그가 실험동물에게 먹인 사료도 신중하게 분석했다. 1884년 그는 탄수화물과 지질이 체내의 유일한 연료가 아님을 보여주었다. 단백질 분자 또한 질소가 들어 있는 부분을 벗겨내기만 하면 연료로 쓰일 수 있었다. 단백질 연료를 감안하고서야 루브너는 자신의 측정을 한결 정확한 것으로 만들 수 있었다. 1894년 그는 체내에서 식품이 내는 열이 그 식품이 불 속에서 소비될 때 내는 열과 양에 있어서 동일함을 보일 수 있었다(오줌과 분변 속의 에너지양을 감안한다면). 에너지 보존의 법칙은 무생명계뿐 아니라 생명계에서도 성립했고 그런 점에서 생기론의 여지가 없어 보였다.

이들 새로운 측정법은 의학을 위해서도 쓰이게 되었다. 독일의 생리학자 마그너스-레비(Adolf Magnus-Levy, 1865-1955)는 1893년부터 사람에게서 에너지 생산 최소율['기초대사율'(basal metabolic rate), 즉 BMR]을 측정하여 갑상선 관련 질환의 경우 큰 차이가 있음을 발견했다. 그때부터 BMR 측정은 주요한 진단 지표가 되었다.

발효

그러나 19세기 후반부의 열량 측정 발달은 생기론의 핵심을 비껴갔다. 사람과 그가 딛고 서있는 바위는 둘 다 물질로 되어 있지만 물질의 종류 사이에는 건널 수 없는 경계선이 그어져 있었다. 먼저 유기물질과 무기물질이라는, 그리고 그게 안 되면 단백질과 비단백질이라는 경계선이었다. 마찬가지로 생물과 무생물이 쓸 수 있는 전체 에너지는 같아도 그 에너지를 쓰는 방법 사이에는 건널 수 없는 경계선이 분명히 있었다.

그런 이유로 체외에선 연소에 굉장한 열과 빛이 수반된다. 연소가 격렬하고 신속하게 진행된다. 그러나 체내 식품의 연소에는 빛이 나지 않고 열도 거의 나지 않는다. 체온은 부드럽게 37℃로 유지되며 체내 연소는 서서히 그리고 완벽한 통제하에서 일어난다. 사실 화학자가 생체 조직에 특이한 반응을 재현하려고 한다면, 일반적으로 굉장한 열, 전류, 강산과 같은 극적인 방법을 쓰는 수밖에 없다. 그러나 생체 조직에는 이 중 어떤 것도 필요치 않다.

이는 근본적인 차이점이 아닐까?

리비히는 그렇지 않다고 주장하며 보기로서 발효를 지적했다. 유사 이전부터 인류는 과즙을 발효해 와인을 만들었고 곡식을 담가 맥주를 만들었다. 그들은 '누룩', 즉 효모(흔히 그렇게 부르는)를 써서 기포로 불룩해지는 변화가 반죽에 일어나도록 하여 반죽이 부드럽고 맛있는 빵이 되도록 했다.

이들 변화에는 유기물질이 관여했다. 설탕이나 녹말은 알코올로 전환되었고 이는 생체 조직에서 일어나는 반응과 비슷했다. 그러나 발효에 강산이나 극적인 방법은 필요 없었다. 그것은 실온에서 그리고 무엇보다도 조용하고 천천히 일어났다. 리비히는 발효가 생명과 관계없는 순전히 화학적인 과정이라고 주장했다. 그것이 생명 방식이긴 하나 생명 없이 일어날 수 있는 변화의 한 보기라고 말했다.

레벤후크(57페이지 참조) 때부터 효모는 소구(globule)로 되어있다고 알려져 있었다. 소구에는 뚜렷한 생명의 표가 나지 않았지만 1836년과 1837년에 슈반(103페이지 참조)을 포함해 몇몇 생물학자에 의해 출아 장면이 포착되었다. 새로운 소구가 형성되고 있었고 이는 생명의 표시가 틀림없어 보였다. 생물학자들은 효모 세포라는 말을 쓰기 시작했다. 그러나 리비히는 이를 받아들이지 않았다. 그는 효모의 생명성을 거부했다.

프랑스의 화학자 파스퇴르(Louis Pasteur, 1822-95)는 모두가 두려워한 리비히에게 강하게 반발했다. 1856년 그는 프랑스 와인 산업 지도자들로부터 자문 요청을 받았다. 와인과 맥주는 오래 되면 흔히 시어졌고 그래서 수백만 프랑의 손실이 생겨나곤 했다. 화학자가 해줄 수 있는 일이 없을까?

파스퇴르는 현미경에 매달렸다. 그는 즉시 와인과 맥주가 오래될수록 액체 속에 작은 구형의 효모 세포가 많아진다는 것을 알아냈다. 와인과 맥주가 시어지면 들어 있던 효모가 길쭉해졌다. 알코올을 생산하는 효모와 서서히 와인을 시어지게 하는 효모의 두 종류[역주) 13]가 있음이 분명했다. 와인을 부드럽게 가열하면 효모 세포가 죽을 것이고 시어지는 일도 멈출 것이다. 알코올이 생성되고 시어지기 전에 제때 그런 처리를 한다면 만사가 잘될

역주) 13 술이 시어진다는 것은 술 속에 초산이 생겼다는 것인데 이에 대한 보통의 생물학적 설명은 초산균이 그렇게 한다는 것이다. 그러므로 두 가지 종류의 효모라거나 효모가 길어졌다거나 하는 본문의 표현은 이상하다.

것이다.

그러는 과정에서 파스퇴르는 두 가지를 밝혔다. 첫째, 효모는 살아있었다. 부드러운 가열로 발효를 일으키는 능력이 파괴되었기 때문이다. 세포는 그대로이고 파괴되지 않았지만, 그 속의 생명은 사라지고 없었다. 둘째, 죽은 세포가 아니라, 오직 살아있는 세포만이 발효를 일으킬 수 있었다. 그와 리비히 사이의 논쟁은 결국 파스퇴르와 생기론의 명백한 승리로 끝이 나고 말았다.

파스퇴르는 이어서 자연발생과 관련된 유명한 실험을 하였다. 자연발생은 스팔란차니(66페이지 참조) 이후 생기론자의 콧대를 높여준 주제였다. 자연발생에 유리한 성경의 증거는 무시되고 있었고, 종교 지도자들은 자연발생의 반증을 오히려 반기는 분위기였는데, 생명의 발생을 오직 신의 몫으로 돌릴 수가 있었기 때문이다. 자연발생을 열렬히 지지한 이들은 19세기의 기계론자들뿐이었다.

스팔란차니는 육즙을 멸균하여 오염되지 않도록 밀봉하면 어떤 생명체도 그 속에서 생겨나지 않는다는 것을 보인 적이 있었다. 그 당시 반대 입장이었던 사람들은 열로 밀봉된 용기 속에 든 공기의 '생기'(vital principle)가 파괴된 때문이라고 주장했다. 그러므로 파스퇴르는 보통의 가열되지 않은 공기가 육즙에 접근할 수 없는 상태를 생각해냈다.

1860년 그는 육즙을 끓여 멸균한 뒤 그것을 보통의 대기에 노출한 채로 두었다. 그러나 구멍은 옆에 붙어 있는 S자 모양으로 생긴, 길고 좁은 목을 거쳐 나 있었다. 비록 가열되지 않은 공기가 자유롭게 플라스크 안으로 들어올 수 있었지만, 속에 든 먼지 입자는 모두 S자 목의 바닥에 가라앉아 플라스크 안으로 들어오지 못했다.

그런 조건에서는 육즙이라고 해도 생물이 자라지 않았으나 목이 제거되면 금세 '오염'(contamination)이 뒤따랐다. 그것은 공기 가열되었느냐 아니냐의 문제도, '생기'가 파괴되었느냐 아니냐의 문제도 아니었다. 그것은 먼지의 문제였고, 먼지 속에 든 부유 미생물의 문제였다. 이들이 육즙 속에 떨어지면 자라고, 수가 늘어났으나, 안 떨어지면 그러지 않았다.

독일의 의사 피르호(124페이지 참조)는 이에 자신의 관찰 결과를 보태었다. 1850년대에 그는 병든 조직을 집중적으로 연구하여, 세포설이 정상조직뿐 아니라 병든 조직에도 잘 적용된다는 것을 보여주었다. 그런 까닭에 피르호를 병든 조직의 연구, 즉 근대 **병리학(pathology)**의 창시자로 여기게 되었다.

병든 조직의 세포가 보통 조직의 정상 세포에서 유래하는 것임을 그는 보였다. 갑작스런 중단이나 불연속은 없었으며 어디에서도 이상 세포의 돌발은 없었다. 1855년 피르호는 간결한 라틴말로 세포설에 대한 자신의 생각을 발표했다. "모든 세포는 세포에서 생긴다."였다.

독립적인 생물이건 다세포생물의 일부이건 모든 세포는 기존의 세포를 조건으로 한다는 점을 피르호는 파스퇴르와 더불어 분명히 했다. 생명이 영구적으로, 그리고 돌이킬 수 없을 만큼 비생명과 분리되어 있는 듯이 보이지는 않았다. 생기론은 결코 그렇게 강해 보이지 않았다.

효소

비록 생물이 무생명계에서 일어날 수 없는 화학적 마술을 일으킬 수 있다고 해도 이에는 어떤 물질적인 수단이 필요했다 (19세기 과학자들이 꺼려했던 초자연 현상에 기꺼이 의존하지 않는 한). 물질적인 수단의 성질이 서서히 모습을 드러내기 시작했다.

18세기에도 화학자들은 화학 반응이 반응에 참가하지 않는 물질의 첨가에 의해 때로 빨라지는 것을 관찰하고 있었다. 이러한 종류의 관찰은 축적되어 19세기 초에 이르러 큰 관심을 끌게 되었다.

러시아 화학자 키르초프(Gottlieb Sigismund Kirchoff, 1764-1833)는 1812년 녹말을 묽은 산과 함께 끓이면 녹말이 단당류인 포도당으로 분해됨을 발견했다. 이는 산 존재 없이 일어나지 않지만 산은 그 반응에 참가하지 않았다. 분해 과정에서 전혀 소모되지 않았기 때문이다.

4년 후 영국의 화학자 험프리 데이비(Humphry Davy, 1778-1829)는 백금이 알코올과 같은 각종 증기와 산소의 결합을 상온에서 촉진한다는 것을 발견했다. 백금은 반응에 관여하지 않는 것이 분명해 보였다.

이런 저런 보기에 흥미를 가진 끝에 베르셀리우스(93페이지 참조)는 1836년 이 주제를 다루며 그 현상에 '촉매작용'(catalysis)이란 이름을 제안했다. '분해'를 뜻하는 그리스어에서 유래했고 아마도 녹말의 산-촉매 분해에 관한 것이었다.

보통 알코올은 증기가 발화할 만큼의 고온으로 가열된 후에라야 산소 속에서 연소한다. 그러나 백금 촉매의 존재하에서는 동일 반응이 예열 없이도 일어났다. 그러므로 생체 조직의 화학 반응이 무생명계에는 없지만 조직 속에는 존재하는 어떤 촉매로 인해 아주 온화한 조건하에서 일어나고 있는지가 논쟁거리가 되었다.

프랑스의 화학자 앙샐름 파앤(Anselme Payen, 1795-1871)은 베르셀리우스가 그 주제를 다루기 직전인 1833년, 발아 중의 보리로부터 산보다 훨씬 쉽게 녹말을 당으로 분해하는 물질을 추출해 냈다. 그는 그것을 '디아스타제'(diastase)라고 명명했다. 그리고 디아스타제와 유사한 물질에는 '발효소'(ferment)라는 이름을 붙였다. 녹말이 당으로 바뀐 것이 곡식의 발효에서 하나의 예비 과정이었기 때문이다.

발효소는 동물에서도 금세 얻어졌다. 최초는 소화액으로부터였다. 레어뮤르(86페이지 참조)는 소화가 일종의 화학 과정임을 보였고 1824년 영국의 의사 프라우트(William Prout, 1785-1850)는 위액으로부터 염산을 분리해 냈다. 염산은 명백한 무기 물질이었으므로 이는 화학자들에게 놀라움을 안겨줬다. 그 뒤 1835년 세포설 창시자 중 한 명인 슈반(103페이지 참조)은 위액에서 염산이 아닌, 그러나 염산보다도 훨씬 효율적으로 육류를 분해하는 물질을 추출해냈다. 이를 슈반은 '펩신'(pepsin, 그리스어 소화에서 유래)이라고 명명했는데, 진짜 발효소였다.

점점 더 많은 발효소가 발견됨에 따라 19세기 후반에는 이들이 생체 조직의 특별한 촉매라는 사실이 명확해졌다. 화학자가 할 수 없는 일을 생물이 해내도록 하는 촉매였다. 그리고 단백질이 생기론자의 방패로 남게 되었다. 발효소가 성질상 단백질임을 믿을 만한 여러 이유가 있었기 때문이다(비록 19세기 이전에 명백히 입증된 일은 아니었지만).

그러나 일부 발효소가 세포의 안뿐 아니라 바깥에서도 잘 작동한다는 것은 생기론자의 입장에 부담이었다. 소화액에서 분리해낸 발효소는 시험관에서도 소화 일을 아주 잘 해냈다. 각종 발효소의 표본을 모두 얻을 수만 있다면 생물에서 행해지는 온갖 반응을 시험관 내에서 생명의 개입 없이 재현할 수 있는 게 아닐까하고 생각하기에 이르렀다. 발효소는(적어도 연구된 것들은) 의심의 여지 없이 살아있는 게 아니었기 때문이다. 한 술 더 떠서 발효소는 산이나 백금 등의 무기 촉매가 따르는 규칙을 똑같이 따랐다.

그 당시 생기론자의 입장은 소화액의 발효소가 세포 바깥에서도 어쨌든 자기 일을 해낸다는 것이었다. 소장에 쏟아지는 소화액을 시험관 속에 똑같이 쏟아 부을 수 있었다. 그러나 그것은 세포 안에 있으면서 세포 안에서만 작용한다는 것과 별개의 문제였다. 생기론자들의 그러한 주장을 화학자들로선 도무지 이해할 수가 없었다.

결국 발효소는 두 가지 종류로 나뉘어졌다. 펩신처럼 세포 바깥에서 일하는 '무기적인 발효소'(unorganized ferments)와 효모를 시켜 설탕을 알코올로 전환할 수 있는 것들처럼, 세포 안에서만 일하는 '유기적인 발효소'(organized ferments)이다.

1876년 독일의 생리학자 빌헬름 퀴네(Wilhelm Kühne, 1837-1900)는 발효소라는 용어를 생명을 필요로 하는 과정에 국한해서 쓸 것을 제안했다. 그리고 세포 밖에서 일할 수 있는 발효소는 '효소'(enzyme)로 부르자고 했다. 효소라는 이름은 효모 안을 뜻하는 그리스어에서 유래했는데, 이들의 작용이 효모의 발효소를 닮았기 때문이었다.

그러나 이러한 생기론자의 입장은 독일의 화학자 부흐너(Eduard Buchner, 1860-1917)에 의해 1897년 완전히 무너지고 말았다. 그는 온전한 것이 없어질 때까지 모래와 함께 효모를 갈았고, 그런 다음 간 것을 여과하여 세포가 없는 효모액을 얻었다. 다들 이 액체에는 살아 있는 효모 세포의 발효 능력이 전혀 없을 것이라고 예상했다. 액체에 미생물의 오염을 차단하는 것이 중요했는데, 안 그러면 결국 액체 속에 세포가 들어있게 되고 그러면 좋은 실험이 될 수 없었기 때문이다.

미생물의 오염을 막는 한 가지 검증된 방법은 농축된 설탕 용액을 첨가하는 것이었다. 그래서 부흐너는 설탕을 첨가했다. 그러자 놀랍게도 그 설탕에서 서서히 발효가 일어나는 것이 아닌가. 혼합물에 아무 생명이 없었는데도 말이다. 그가 실험을 더욱 진행해 효모 세포를 알코올로 살균 처리했을 때, 죽은 세포가 살아있는 세포만큼이나 손쉽게 발효를 일으킨다는 것을 알아낼 수가 있었다.

19세기가 끝날 무렵 모든 발효소는, 유기적이든 무기적이든, 세포에서 분리해낼 수 있는 죽은 물질이며 또한 시험관 속에서 일할 수 있다는 것이 널리 인정되었다. '효소'라는 이름이 모든 발효소에 쓰이게 되었고, 생기력의 존재하에서만 일할 수 있는 화학물질은 세포 안에 없다는 것을 받아들이게 되었다.

생명 없이는 발효도 없다는 파스퇴르의 단정은 자연에서 일어나는 상황에만 적용해야 함을 알게 되었다. 인간의 간섭하는 손길이 효모를 조작하여 세포와 그 생명이 파괴되더라도 구성 효소가 무사한 한, 발효는 생명 없이 진행될 수가 있었다.

이는 생기론자가 입은 가장 심각한 타격이었지만 그럼에도 불구하고 생기론자의 입장은 어떤 면에서 산산조각과 거리가 먼 것이었다. 단백질(효소 및 비효소)에 관해서는 밝혀야할 점들이 많이 남아있었고 이런 저런 점에서 생기력은 자신을 드러내지 않을 것임이 분명했다. 특히 기존의 세포 없이 세포는 못 생긴다는 파스퇴르의 (그리고 피르호의) 견해가 유효했고, 그런 일이 성립하는 한 인간의 손길이 닿지 않는 생명에 관한 특별한 뭔가가 여전히 남아 있을 수 있었다.

그러나 생물학자들의 마음은 생기론자의 입장으로부터 멀어져 갔다. 개별 생물학자들이 이론 속에 희석된 생기론을 언급하는 일은 있었으나 생기론을 따라 행동하는 일은 거의 없었다. 무생명계를 지배하는 법칙을 생명도 따른다는 것을 일반적으로 받아들이게 되었다. 본질적으로 실험실의 해답이 안 통하는 생물학 문제는 없으며, 생명 없는 상태에서 모방할 수 없는 생명현상도 없다는 것을 받아들였다.

기계론이 최고였다.

9장 질병과의 전쟁

백신

진화와 생기론에 대한 치열한 논쟁에도 불구하고 생물학에 대한 인류의 흥미는 의료, 즉 신체 질환에 대한 관심으로부터 자라났다는 것을 잊지 않는 것이 중요하다. 과학이 이론의 세계 속으로 아무리 깊이 날아 들어가고 인류의 일상으로부터 동떨어져서 머물고 있는 것처럼 보인다 해도 과학은 결국 처음의 그 관심으로 돌아올 것이다.

이론에 대한 관심은 헷갈리는 것이긴 하나 헛된 것은

아니다. 앞선 이론으로 무장한 채 인류가 과학의 응용 분야로 돌아올 때 일의 진행이 얼마나 빠르던가! 그리고 비록 응용과학이 이론 없이 순수하게 경험적으로 발달한다고 해도 그것은 얼마나 더듬거리고 더디던가!

보기로서 감염질환의 역사를 생각해 보자. 19세기 초까지 대륙을 주기적으로 휩쓸고 지나간 대규모 역병과 전염병 앞에서 의사들은 희망이 없었다. 인류를 괴롭힌 역병 중 최악에 천연두가 있었다. 삽시간에 퍼져나갔고 셋 중 하나가 죽었을 뿐 아니라, 운 좋게 살아남은 사람마저 불행했다. 얼굴에 마맛자국과 흉터가 너무 심하게 남아 그 모습을 견뎌내기 어려웠기 때문이다.

그러나 천연두에 한 번 걸리면 앞으로의 면역은 확실했다. 그러한 이유로 상처 자국이 거의 남지 않는, 아주 가벼운 천연두의 경우는 전혀 걸리지 않는 경우보다 사정이 훨씬 괜찮았다. 전자의 경우는 평생 안심이지만, 후자의 경우는 평생 위협에 시달렸다. 따라서 터키와 중국 같은 나라에서는 가벼운 천연두에 걸린 사람으로부터 병을 옮으려는 시도가 있었다. 가벼운 천연두에 의해 생긴 물집에서 취한 물질을 신중하게 접종하기도 했다. 그러나 위험 부담이 엄청났다. 왜냐면 옮은 병이라 해도 새 환자에게서 전혀 가볍지 않은 경우가 때로 있었기 때문이다.

18세기 초에 그러한 접종이 영국에 소개되었지만, 대중화되진 않았다. 그러나 이 주제가 널리 알려지고 자주 토론되자 영국인 의사 제너(Edward Jenner, 1749-1823)가 문제를 진지하게 고찰하게 되었다. 그의 고향 글로체스터샤이어에는 우두(여러 가지 면에서 천연두를 닮은, 소가 흔히 걸리는 가벼운 병)에 걸린 사람이면 누구나 우두뿐 아니라 천연두에도 면역이 된다는 취지의 떠도는 이야기가 있었다.

길고 신중한 관찰 끝에 제너는 이를 시험해 보기로 결심했다. 1796년 5월 14일 그는 우두에 걸린, 젖 짜는 여자를 찾아냈다. 여자의 손에 생긴 물집으로부터 액체를 취해 그것을 한 소년에게 주사했는데 그 소년은 물론 우두에 걸렸다. 두 달 후 그는 그 소년에게 이번에는 우두가 아니라 천연두를 접종했다. 아이에겐 아무 일도 일어나지 않았다. 실험의 반복을 거친 끝에 1798년 그는 자신이 발견한 것을 공표했다. 기술을 일컫기 위해 그는 '종두'(vaccination)라는 말을 등록하였다. 이는 우두를 뜻하는 라틴어 'vaccinia'에서 유래하였고, vaccina는 다시 소를 뜻하는 라틴어 'vacca'에서 유래했다.

천연두의 공포가 대단하였으므로 사람들은 단번에 거의 아무런 의심 없이 진보를 기꺼이 받아들였다. 접종은 유럽 전역으로 삽시간에 퍼져나갔으며 질병이 정복되었다. 천연두는 그 이후 의학이 발달된 나라라면 더 이상 큰 문제가 아니게 되었다. 그리하여 천연두는 인류 역사상 아주 신속하고 완벽하게 통제된 중병의 첫 사례가 되었다.

그러나 적절한 이론의 부재로 인해 진보는 더 이상 이어지지 않았다. 그때는 감염질환(천연두나 기타 질병)의 원인을 아직 아무도 모르던 때였고, 접종 목적으로 쓸 수 있는 주요 질환의 가벼운 사촌 격 질병이란 우연도 다시는 찾을 수 없었다. 생물학자들은 질병의 덜 심한 변형을 나름대로 만들 필요가 있었고 그러기 위해 제너의 시대보다 더 많은 지식을 원했다.

질병의 세균설

필요한 이론은 발효 문제에 대한 관심으로부터 미생물에 대해 흥미를 갖게 된 파스퇴르가 제공하였다(159페이지 참조). 이러한 흥미로부터 보다 중요한 것이 밝혀졌다.

1865년 프랑스 남부의 잠사업은 누에가 죽는 질병으로 큰 타격을 입고 있는 중이었고 그래서 파스퇴르가 다시 한 번 불려가게 되었다. 그는 자신의 현미경을 써서 병든 누에와 이들에게 먹인 뽕잎에 퍼져 있는 작은 기생생물을 찾아냈다. 파스퇴르의 해결책은 과격하긴 했으나 합리적이었다. 모든 병든 누에와 감염된 먹잇감을 처분하였다. 건강한 누에와 깨끗한 먹잇감을 갖고 새로 시작했다. 이 방법이 유효해 잠사업은 되살아났다.

그러나 파스퇴르가 보기에 하나의 감염질환에 해당하는 것은 다른 질환에도 마찬가지일 터였다. 질병의 원인은 미생물일 수 있었다. 질병은 기침, 재채기, 입맞춤에 의해, 배출물을 통해, 오염된 물과 음식물을 통해 퍼질 수 있다. 각각의 경우 질병의 원인 미생물이 병든 환자로부터 건강한 사람에게로 퍼져나갈 것이다. 환자와 접촉해야 되는 의사가 특히 감염의 주요 거점이 될 수도 있을 것이다.

최종 결론에 도달한 이는 헝가리의 의사 제멜바이스(Ignaz Philip Semmelweiss, 1818-65)였다. 파스퇴르의 이론을 몰랐음에도 불구하고 그는 산욕열로 인한 사망률이 비엔나(빈) 병원의 산모들에게서 놀랄 만큼 높고, 무지한 산파의 도움을 받아 가정에서 출산하는 산모들에게서 오히려 낮다는 것에 주목하였다. 제멜바이스가 보기에 해부실로부터 수술실로 간 의사들이 어떤 식으로든 병을 옮겼음에 틀림이 없었다. 그는 분만 중인 산모를 접하기 전에 의사들이 자신의 손을 철저히 씻어야 한다고 주장했다. 그렇게 실천하는 동안에는 사망률이 떨어졌다. 그러나 기분이 상한 의사들이 그를 쫓아내자 사망률은 금세 다시 올랐다. 제멜바이스는 패한 채로 죽었지만 승리는 오래 걸리지 않았다. 비슷한 시기 미국에서는 의사이자 시인인 홈즈(Oliver Wendell Holmes, 1809-94)가 산부인과 의사의 지저분한 손에 반대하는 캠페인을 벌여 꽤나 고생을 했다.

그러나 파스퇴르가 '질병의 세균설'(germ theory of the disease)을 발표하고 나자 상황이 호전되었다. 이제 손을 씻어야 할 이유가 생겼기에 의사가 신식 견해에 아무리 보수적이라 해도 서서히 동참하지 않을 수는 없었다. 프랑스-프로이센 전쟁(보불전쟁) 중에 파스퇴르는 부상당한 군인들에게 사용하기 전에 기구를 끓여 소독하고, 붕대를 증기 멸균하도록 가까스로 의사들에게 지시할 수 있었다.

그러는 사이 영국에서는 외과의인 리스터(Joseph Lister, 1827-1912)가 수술의 개선을 꾀하였다. 예를 들어 그는 '마취'를 썼다. 이 기술에서 환자는 이써(ether, 에테르)와 공기의 혼합물을 흡입했다. 이로 인해 환자는 잠에 빠져들었고 고통에 무감각해졌다. 고통 없이도 이를 뽑을 수 있게 되었고 수술을 할 수 있게 되었다. 이러한 발견에는 몇 사람이 기여했지만 영예의 최대 몫은 보통 미국 치과의인 모턴(William Thomas Green Morton, 1819-68)에게 돌리고 있다. 그는 1816년 시월 매사추세츠 종합병원(MGH)에서 이써를 써서 환자로부터 안면 종양을 제거하는 수술을 주선했다. 보란듯한 성공 덕분으로 마취는 외과수술 과정의 일부로 빠르게 자리를 잡았다.

그러나 리스터는 수술이 고통 없이 성공적으로 끝난

경우라 해도 후속 감염으로 환자가 여전히 죽을 수 있다는 사실 때문에 고민했다. 파스퇴르의 이론을 들었을 때, 그의 머릿속에 상처나 수술의 절개 부위를 소독하면 감염이 줄어들 것이란 생각이 떠올랐다. 주석산(페놀)부터 써 보았고 효과가 있다는 것을 알아냈다. 그러므로 리스터가 '무균(소독)수술법'을 도입했다.

그러한 용도를 위한 덜 자극적이고 보다 효과적인 약품들을 점점 찾아낼 수 있었다. 외과의들은 소독된 고무장갑과 안면 마스크를 착용하는 습관을 들이게 되었다. 수술이 마침내 인류에게 안전하게 된 것이다. 파스퇴르의 세균설로 이 일만 일어났다고 해도, 아마도 그것은 의학사에서 가장 중요한 단일 발견이 되기에 충분했을 것이다. 그러나 더 많은 일들이 성취되었고 세균설의 중요성은 비할 바 없게 되었다.

세균학

모든 치명적인 미생물을 사람 가까이에 항상 못 오게 할 수는 없을 것이다. 빠르든 늦든 질병에 대한 노출은 불가피할 것이다. 그렇다면 그 다음은?

우리 몸이 감염으로부터 저절로 회복되는 경우도 있는 것으로 보아 틀림없이 인체에는 미생물과 싸울 수 있는 수단이 있을 것이다. 1884년 러시아-프랑스 생물학자 메치니코프(Ilya Ilitch Mechnikov, 1845-1916)는 그러한 '대세균전'의 극적인 보기를 발견했다. 필요하다면 혈관을 떠날 수 있는 능력을 가진, 혈액의 흰 소체(이하 백혈구)가 감염 장소, 즉 세균이 침입한 곳으로 몰려드는 것을 그는 관찰하였다. 그 다음 일은 세균과 백혈구 사이의 격렬한 전투 같은 것이었다. 백혈구가 항상 반드시 이기는 것은 아니었지만, 승리는 많은 좋은 일이 있기에 충분했다.

그러나 우리 몸에는 세균에 대한 보다 섬세한 무기가 갖춰져 있을 것이다. 왜냐면 많은 질병의 경우 한 번 걸리면, 몸에 표가 나는 변화가 없더라도 두 번 다시 그 병에 걸리지 않는 면역이 생기기 때문이다. 이에 대한 논리적인 설명은 우리 몸이 침입한 미생물을 죽이거나 그 효과를 중화하는 데 써먹을 수 있는 분자인 '항체'(antibody)를 발달시킨다는 것이다. 이로써 예방접종의 효과도 설명할 수 있을 것이다. 신체가 우두 미생물에 대한 항체를 일단 발달시키면, 아주 닮은 천연두 미생물에 대해서도 써먹을 수 있음을 알게 될 것이기 때문이다.

이제 마침내 질병이 아니라 질병의 원인이 되는 미생물에 대한 공격을 통해 계속해서 승리를 거둘 수 있게 되었다. 파스퇴르는 가축을 떼죽음시키는 치명적인 질병인 탄저병과 관련해서 그런 방식을 보여줬다. 파스퇴르는 질병의 원인 미생물을 찾은 끝에 그것이 특정 세균 종류임을 알아냈다. 그는 질병을 일으키는 능력이 없어질 만큼 세균 시료에 열처리를 했다. 있기만 할 뿐인, 이들 가망 없는 '약독화된 세균'(attenuated bacteria)에 대응해 신체는 항체를 발달시키고, 그러면 그 항체는 생생하게 살아있는 치명적인 세균에 대해 써먹을 수 있게 될 것이다.

1881년 파스퇴르는 아주 극적인 실험을 행했다. 일부의 양에는 약독화된 세균을 접종했으나, 나머지엔 하지 않았다. 시간이 지나 모든 양을 치명적인 탄저균에 노출시켰다. 접종 받은 적이 있는 모든 양은 후유증 없이 살아남았고 그렇지 않은 나머지는 탄저병에 걸려 죽었다.

파스퇴르는 닭의 콜레라, 그리고 가장 인상적으로는, '미친 개'에 물렸을 때 걸리는 병인 광견병(또는 공수병)에 대해서도 유사한 방법을 확립했다. 말하자면 그는 아주 다양한 천연두로부터 사람과 동물을 지켜내기 위한 인공 우두를 만든 것이었다.

파스퇴르의 세균설 성공으로 인해 세균에 대한 열띤 관심이 새롭게 생겨났다. 독일의 식물학자 콘(Ferdinand Julius Cohn, 1828-98)은 젊었을 때 미세한 크기의 식물 세포에 관심을 쏟았다. 예를 들어 그는 식물의 원형질이 본질상 동물의 원형질과 동일함을 보였다. 그러나 1860년대에 세균 연구로 전향하여, 최초로 세균을 종과 속으로 분류하고자 시도했고, 이를 1872년 세 편의 긴 논문으로 발표했다. 그런 이유로 콘을 근대 **세균학(bacteriology)**의 창시자라 할 수 있다.

그러나 콘이 한 가장 중요한 발견은 다름 아닌 독일의 젊은 의사 코흐(Robert Koch, 1843-1910)였다. 1876년 코흐는 탄저병을 일으키는 세균을 분리해내 그것을 배양할 수 있었다(파스퇴르가 때마침 프랑스에서 했듯이). 코흐의 연구는 콘의 주목을 끌었고 이후로 콘은 코흐를 열렬히 후원하게 되었다.

코흐는 액체 속에서가 아니라, 젤라틴(후에 해조류에서

얻는 한천으로 대체)과 같은 고형의 겔 위에서 세균을 키웠다. 이로 인해 대단한 변화가 생겨났다. 액체 속에서는 여러 종류의 세균이 쉽게 섞여 어떤 세균이 특정 질병을 일으키는지 말하기가 쉽지 않았다.

그러나 세균 시료를 고체 배지 위에 도말하면 분리된 세균이 분열하고 또 분열하여 한 지점에서 이동할 수 없는 많은 새 세포가 만들어질 것이다. 처음의 시료는 많은 종의 세균 혼합물일 수 있지만, 한 개의 콜로니(colony)는 단일 순종에 틀림없을 것이다. 만약 그 세균이 질병을 일으킨다면 그 종류가 원인균이라는 것을 확신하게 될 것이다.

처음에 코흐는 겔을 편평한 유리판 위에 얹었으나 그의 조수인 페트리(Julius Richard Petri, 1852-1921)가 유리 덮개가 달린 얕은 접시로 대체했다. 그 이후 '페트리디쉬'(Petri dish)가 세균학에서 쭉 쓰이게 되었다.

순수배양 기술의 개발로 인해 코흐는 특정 질병을 일으키는 미생물의 검출 기준을 발달시킬 수 있었다. 그와 조수들이 그러한 많은 세균을 찾아냈지만 경력의 정점은 물론 1882년에 행한 결핵균의 동정일 것이다.

곤충

세균이 감염성 질환의 유일한 병원체일 필요는 없다. 파스퇴르의 발견을 '세균설'(germ theory)이라고 하는 이유도 거기에 있다. 여기서 'germ'이란 말은 미생물 일반을 뜻하지 반드시 세균을 뜻하는 것은 아니다.[역주) 14] 예를 들어 1880년 프랑스 의사 라브랑(Charles Louis Alphonse Laveran, 1845-1922)은 알제리에 주재하는 동안 말라리아의 병원체를 발견했다. 이 일이 사람들의 이목을 끈 이유는 말라리아가 열대 및 아열대 전역에 널리 퍼져있는 질병이고, 다른 어떤 질병보다 이 병으로 가장 많은 사람이 죽었기 때문이다. 이 발견의 특히 흥미로웠던 점은 병원체가 세균이 아니라 하나의 세포로 된 동물, 즉 원생동물이란 것이었다.

사실 병이 미생물에 의해 일어나지 않을 수도 있다. 1860년대에 독일의 동물학자 로이카르트(Karl Georg Friedrich Rudolph Leuckart, 1822-98)는 자신의 무척추동물 연구를 통해 다른 동물의 체내에 기생해서 사는 것들

역주) 14 'germ'은 생식질(germ plasm), 배엽(germ layer), 발아(germination) 등으로도 쓰인다. 그러므로 미생물이나 세균이란 말은 아닌 셈이다.

에 특별한 관심을 갖게 되었다. 그러므로 그가 **기생충학(parasitology)**의 기초를 확립했다. 그는 무척추동물문 모두에 대표적인 기생충이 있음을 알아냈다. 이들 중 많은 것들은 사람에게도 퍼져있고 흡충, 갈고리충, 촌충과 같은 것들은 현미경으로 봐야 할 만큼의 작은 크기가 전혀 아님에도 중병을 일으킬 수 있다.

심지어 다세포 동물은 질병의 직접적인 병원체가 아니어도, 똑같이 나쁜, 감염의 매개체가 될 수도 있다. 말라리아는 이런 식의 감염이 중요한 첫 사례였다. 영국의 의사 로스(Ronald Ross, 1857-1932)는 모기가 사람 사이에서 말라리아를 퍼뜨릴 수 있다는 사실을 조사해 보았다. 그는 모기를 수집하고 해부한 끝에 마침내 1897년 아노펠레스 모기에서 말라리아 기생충을 확인했다.

이는 모기가 감염 경로에서 약점이었기 때문에 아주 유용한 발견이었다. 말라리아가 직접 접촉을 통해 퍼지지 않는다는 것은 쉽게 알 수 있었다(기생충은 사람 속으로 다시 들어오기 전에 모기 속에서 어떤 성장 단계를 보내야만 하는 것 같았다). 그렇다고 하면 왜 간단하게 모기를 없애지 않는 걸까? 왜 모기장 속에서 자지 않는 걸까? 왜 모기가 번식하는 늪의 물을 빼지 않는 걸까? 물론 이는 효과가 있었다. 그런 방법을 쓴 곳에서는 말라리아 발생률이 현저하게 떨어졌다.

다른 치명적인 질병에는 18세기와 19세기에 걸쳐 주기적으로 미국 동부 연안을 초토화한 황열병이 있다. 미국-스페인 전쟁 도중 미 정부는 이 병에 경각심을 갖게 되었다. 왜냐면 미국 군인이 쿠바에서 스페인의 총에 죽은 경우보다 이 병으로 훨씬 더 많이 죽었기 때문이다. 전쟁이 끝난 뒤인 1899년 무엇을 해야 하는지 알기 위해 미국의 군의관 리드(Walter Reed, 1851-1902)가 쿠바에 파견되었다.

그는 황열병이 직접 접촉으로 퍼지는 것이 아님을 알아내고 로스의 연구에 비추어 모기를, 이번에는 다른 종인 아에데스 모기를 의심했다. 리드와 함께 일한 의사들은 감염된 사람을 문 적이 있는 모기에게 자원해서 물렸고 일부는 그 결과로 병에 걸렸다. 젊은 의사인 러지어(Jesse William Lazear, 1866-1900)는 병든 끝에 결국 죽고 말았다. 인류애에 바친 참된 희생이었다. 질병의 원인은 그렇게 해서 입증되었다.

또 한 사람의 미국 군의관 고거스(William Crawford Gorgas, 1854-1900)는 하바나에서 황열병 퇴치를 위한 모기 소탕법을 익힌 후 파나마로 파견되었다. 프랑스가 한 번 실패한 적이 있었음에도 미국은 거기에 운하를 건설하고자 했다. 공사의 어려움이 대단한 것은 분명했지만 정작 노력에 걸림돌이 된 것은 황열병으로 인한 높은 사망률이었다. 고거스는 모기를 성공적으로 통제할 수 있게 되었고, 질병이 딱 멈추었고, 그래서 1914년 파나마 운하가 개통되었다.

모기가 악역을 맡은 유일한 곤충인 것은 아니다. 1902년 프랑스의 의사 니콜(Charles Jean Henri Nicolle, 1866-1936)은 북아프리카 튀니스의 파스퇴르 연구소 책임자로 임명되었다. 거기서 그는 전염성이 강하고 위험한 질병인 발진티푸스를 연구할 기회를 얻었다.

니콜은 병원 바깥에서는 병의 접촉전염성이 강하나 병원 안에서는 전혀 그렇지 않다는 것에 주목했다. 입원 환자가 입원 때 옷을 벗고 몸을 비눗물로 문질러 씻도록 했다. 그리하여 니콜은 감염원이 의류의 어떤 것, 씻으면 몸에서 제거되는 어떤 것이란 생각을 하게 되었다. 몸의 이를 의심하게 되었고, 결국 이에 물려야만 병이 전염된다는 것을 동물 실험을 통해 입증하였다. 비슷한 시기인 1906년 미국의 병리학자 리케츠(Howard Taylor Ricketts, 1871-1911)는 소의 진드기에 물림으로써 로키산홍반열에 걸린다는 것을 밝혀냈다.

식품 인자

19세기 말이 되어 대부분의 의사는 질병의 세균설을 받아들였지만, 이를 거부한 소수가 있었다. 독일의 병리학자 피르호(124페이지 참조)가 이들 중 가장 저명했다. 그의 지론은 질병이 외부의 어떤 요인보다 내부의 어떤 자극에 의해 생긴다는 것이었다. 그는 사회 참여 의식이 강한 편이어서 베를린 시정과 국가 입법기관에서 수십 년을 종사하기도 했다. 그는 정수된 상수도와 효율적인 하수도 사업에서 중요한 개선을 이뤄내기도 했다. 페텐코퍼(155페이지 참조) 또한 그랬는데 그와 피르호가 공동체의 질병 예방에 관한 연구인 **공중위생학**(public hygiene)의 개척자일 것이다.

그러한 개선은 질병의 전파를 막아(피르호가 세균설을 믿든 안 믿든) 19세기 중반까지 유럽을 휩쓴 적이 있는 전염병을 끝내는 데 근본적인 세균설의 관심만큼이나 큰 보탬이 되었다.

만약 히포크라테스의 청결에 대한 관심이 세균을 의식하게 된 시대에도 맞는 말이라면, 그건 당연지사일 것이다. 더 놀랄 만한 일은 히포크라테스의 좋은, 변화가 있는 식단에 대한 조언이 행복감뿐 아니라, 특정 질병을 예방한다는 점에서 맞는 말이었다는 것이다. 빈약한 식단이 질병을 일으킨다는 것은, 세균을 의식하게 된 1870년에서 1900년의 세대에게는 구식 생각 같아 보였다. 그러나 전혀 구식이 아니라는 강력한 증거가 있었다.

대항해 시대의 초기에는 냉장법을 몰랐기에 선원들이 장기간 보관할 수 있는 식재료만 먹는 선상생활을 수개월씩 해야 했다. 그 당시 괴혈병은 선원들이 두려워한 병이었다. 스코틀랜드 의사 린드(James Lind, 1716-94)는 괴혈병이 선상생활뿐 아니라 포위된 도시나 감옥 등에서의 단조로운 식단과 관계가 있다는 것에 주목했다. 그렇다면 뭔가 빠진 식재료가 병의 원인은 아닐까?

1747년 린드는 괴혈병으로 고통 받는 선원들에게 각

종 식재료를 시험해 본 결과, 감귤류가 증상을 덜어주는 데 놀라울 만치 잘 듣는다는 것을 알아냈다. 다들 이 방법을 차츰 받아들였다. 영국의 위대한 탐험가 캡틴 쿡(Captain James Cook, 1728-79)은 1770년대의 태평양항해 때 자신의 선원들에게 감귤을 먹였고 그 결과 괴혈병으로 단 한 명의 선원을 잃었을 뿐이었다. 1795년 프랑스와 필사적인 전쟁을 치루면서 영국 해군은 선원들에게 라임주스를 강제로 먹이기 시작했고, 그 이후 괴혈병은 영국 배에서 자취를 감추게 되었다.

그러나 그러한 경험적인 진보는 기초과학의 발달이 따르지 않았기에 더디기만 할 뿐이었다. 19세기에 일어난 영양학의 주요 발견은 단백질의 중요성에 관한 것, 특히 일부 단백질은 '완전'하여 식단 속에 포함될 때 생명을 뒷받침해 줄 수 있으나 젤라틴과 같은 단백질은 '불완전'하여 그렇지 못하다는 사실이었다.

단백질 사이의 이러한 차이에 대한 적절한 설명은 단백질 분자의 성질을 제대로 알게 되면 가능해질 것이었다. 1820년에 산을 처리하여 복잡한 젤라틴 분자를 분해해서 '글라이신'이라는 단순한 분자를 얻는 데 성공했다.

글라이신은 아미노산이라는 종류의 화합물에 속했다.

처음에는 글라이신을 녹말의 '빌딩블록'(building block)인 단순당 포도당처럼 단백질의 유일한 빌딩블록으로 생각했다. 그러나 19세기가 깊어감에 따라 이러한 생각은 부적절하다는 것을 알게 됐다. 왜냐면 다양한 단백질로부터 다른 단순 분자들이 얻어졌기 때문이다. 모두가 아미노산 종류였지만 상세한 점에서는 달랐다. 단백질 분자는 한 가지 아미노산으로 되어 있는 것이 아니라 많은 아미노산으로 되어 있었다. 1900년까지 십여 종의(a dozen different)의 아미노산 빌딩블록을 찾아낼 수 있었다.

단백질에 들어 있는 아미노산의 상대적인 비율이 단백질마다 꽤 다른 듯이 보였다. 특정 단백질에 하나 이상의 특정 아미노산이 아예 없을 수도 있고, 그 아미노산들이 생명에 필수불가결한 경우도 있는 듯했다.

정말 그렇다는 것을 밝힌 최초의 과학자는 영국의 생화학자 홉킨스(Frederick Gowland Hopkins, 1861-1947)였다. 1900년 그는 새로운 아미노산인 트립토판을 발견하고 그것의 존재를 알아낼 수 있는 화학 검사법을 개발했다. 옥수수에서 분리한 단백질인 제인은 이 검사에 반응하지 않았다. 즉, 트립토판이 없었다. 제인은 식단의 유일한 단백질일 경우 생명을 뒷받침해 주지 않는 불완전 단백질이었다. 그러나 아무리 소량일지라도 트립토판을 제인에 첨가해 주기만 하면 실험동물의 수명이 연장되었다.

19세기 초에 행해진 유사한 실험을 통해 조직 속에 흔히 있는 물질로부터 일부의 아미노산이 포유류 체내에서 합성될 수 있다는 것이 분명해졌다. 그러나 소수의 아미노산은 합성될 수 없었고 그래서 온전한 상태로 식단 속에 들어있어야만 했다. 일부 단백질이 불완전해서 병을 일으키거나 끝내 죽음에 이르게 하는 이유는 이들 '필수 아미노산'이 하나 이상 빠져 있었기 때문이다.

그렇게 하여 체내에서 합성이 안 되니까 생명을 유지하려면 음식 속에 온전한 상태로 들어있어야 한다는 '식품 인자'(food factor)의 개념이 도입되었다. 그러나 아미노산이 영양학자에게 아무리 흥미 있는 주제라 해도 분명 아미노산은 중대한 의학 문제가 아니었다. 아미노산 결핍은 일반적으로 편식에 의해 일어났다. 아무리 빈약한 경우라 해도 자연식에는 각종 아미노산이 충분히 들어 있었다.

괴혈병을 라임주스로 고칠 수 있다면, 라임주스에는 뭔가 빠져 있던 식품 인자가 들어 있다고 생각하는 것이 타당할 것이다. 그러나 그 식품 요인이 아미노산 같진 않았다. 사실 생물학자가 19세기에 알고 있던 라임주스의 온갖 성분을 단독 혹은 혼합해서는 괴혈병을 고칠 수가 없었다. 그러므로 그 식품 인자는 오직 미량으로만 필요한데다 식품 속의 흔한 성분과는 화학적으로 꽤 다른 물질임에 틀림없었다.

실제로 그 미스테리는 겉보기만큼 풀기 어려운 것은 아니었다. 필수아미노산의 개념이 밝혀지고 있던 때마저 미량으로만 요구되는 다른 미묘한 식품 인자들이 속속 발견되고 있었다. 물론 괴혈병 연구를 통한 것은 아니었지만.

바이타민

네덜란드 의사 에이크만(Christiaan Eijkman, 1858-1930)은 1886년 각기병 연구를 위해 자바에 파견되었다. 부실한 식단의 결과로 병이 생겼다고 생각할 만한 이유가 있었다. 일본인 선원들 중에서는 이 병에 걸려 고생하는 사람들이 흔했는데, 1880년대 들어 어떤 해군 장성이 식단에 우유와 육류를 추가한 후 병이 없어졌기 때문이다. 그 전 식단은 거의 생선과 쌀이었다.

그러나 에이크만은 세균설에 사로잡혀 각기병이 오로지 세균성 질환이라고 생각했다. 그는 닭을 구해와 세균을 그 속에서 배양하고자 했다. 그는 이에 실패했지만, 1896년 그 해에 닭들이 각기병과 아주 유사한 병에 저절로 걸렸다. 그리고 에이크만이 어떻게 손써보기도 전에 그 병이 사라져버렸다.

원인을 조사하던 중에 에이크만은 어떤 특정 시기에 닭이 병원 창고의 정백미를 먹었는데 마침 그 때 그 병에 걸렸다는 것을 알았다. 다시 시판 닭 사료를 먹게 되자 회복되었다. 나아가 에이크만은 단지 식단을 바꾸는 것만으로 그 병에 마음대로 걸리게 할 수도 있고 병을 고칠 수도 있었다.

에이크만은 처음 이것의 진정한 의미를 알아차리지 못했다. 그는 쌀알 속에 어떤 종류의 독소가 들어 있고 이것이 속겨 속의 어떤 것에 의해 중화된다고 생각했을 따름이다. 속겨가 도정 작업 중에 제거되면, 도정된 쌀 속의 독소는 중화되지 않은 채로 남게 된다(그렇게 에이크만은 생각했다).

그러나 왜 독소와 항독소라는 미지의 두 물질을 가정한 것일까? 미량으로 요구되는 식품 인자 하나만 생각해도 충분했을텐데. 이러한 후자의 견해를 가졌던 저명한 사람 중에 홉킨스(189페이지 참조)와 폴란드 태생의 미국인 생화학자 풍크(Casimir Funk, 1884-1967)가 있었다. 두 사람 모두 각기병뿐만 아니라 괴혈병, 펠라그라, 구루병 등이 미량 식품 인자의 결핍으로 인해 생긴다는 생각을 밝혔다.

이들 식품 인자가 '아민' 종류에 속한다고 선불리 믿고 풍크는 1912년 이들 인자를 생명의 아민, 즉 'vitamine'으로 명명할 것을 제안했다. 이 이름이 채택되었지만, 이들 인자가 모두 아민은 아닌 것이 밝혀져 이름은 '바이타민'(vitamin)으로 바뀌게 되었다.

홉킨스-풍크의 '바이타민' 가설이 널리 받아들여져 20세기 초반이 되자 현명한 식이요법만 정해지면 다양한 질병을 고칠 수 있게 되었다. 일례로 오스트리아계 미국인 의사 골드버거(Joseph Goldberger, 1874-1929)는 1915년 미국 남부 지역의 풍토병인 펠라그라가 세균 없이 생긴다는 것을 밝혀냈다. 세균이 아니라 바이타민 결핍 탓이고, 걸려서 고생하는 사람들의 음식에 우유만 추가하면 병이 낫는다는 것을 보여줬다.

처음 바이타민에 대해 아는 것이라곤 특정 질병을 예방하고 고치는 능력이 있다는 것뿐이었다. 미국의 생화학자 맥콜럼(Elmer Vernon McCollum, 1879-1967)이 1913년 알파벳 문자에 의한 바이타민 표기법을 도입했다. 처음에는 바이타민 A, B, C, D였고 나중 E와 K가 추가되었다. 바이타민 B가 들어있는 식품에는 여러 가지 증상을 고칠 수 있는 복수의 인자가 들어 있음도 알게 되었다. 생물학자들은 바이타민 B_1, 바이타민 B_2 등의 표현을 쓰기 시작했다.

바이타민 B_1의 결핍은 각기병을 초래하고 바이타민 B_6의 결핍은 펠라그라를 일으킨다. 바이타민 C의 결핍은 괴혈병으로 이어지고(린드가 괴혈병을 고치는 데 쓴 감귤류 속에 미량으로 존재한 것은 바이타민 C였다) 바이타민 D의 결핍은 구루병을 초래한다. 바이타민 A의 결핍은 시각에 영향을 미치고 야맹증을 일으킨다. 이들이 주요 바이타민 결핍증인데 바이타민에 대한 지식이 늘어남에 따라 이러한 종류의 결핍증은 더 이상 의학상의 중대 문제가 아니게 되었다.

10장 신경계

최면술

파스퇴르의 세균설에 해당하지 않는 다른 다양한 질병 중에 정신질환이 있다. 인류는 먼 옛날부터 이들 질병에 대해 어찌해야 할 바를 몰랐고, 무서워했고, 겁을 먹었다. 히포크라테스는 비교적 합리적으로 이들에 접근했지만(14페이지 참조), 대다수의 인류는 미신 수준의 견해를 갖고 있었다. 미친 사람이 악마의 조종을 받고 있음에 틀림없다는 믿음이 아니라면, 19세기까지 행해진 정신질환에 대한 엄청 끔찍한 치료법은 설명할 길이 없을 것이다.

이 방면에서 새로운 분위기는 프랑스의 의사 피넬(Philippe Pinel, 1745-1826)에 의해 시작되었다. 그는 정신 이상을 신들린 것이 아니고 마음의 병으로 여겼으며 '정신착란'에 대한 자신의 견해를 출판한 적이 있다. 프랑스 대혁명이 한창 진행 중이고 변화의 냄새가 물씬 풍기던 때인 1793년, 피넬은 한 정신병자 수감시설의 책임자가 되었다. 거기서 그는 입원환자의 쇠사슬을 풀어줬고 환자들을 처음으로 짐승이 아닌 아픈 병자로 대우해줬다. 새로운 시도는 더디긴 했지만 서서히 퍼져나갔다.

입원해야 할 만큼 정신질환이 심각하지 않은 때라 해도 불쾌한, 아주 뚜렷한 신체 증상이 나타나는 경우가 있었다('히스테리' 또는 '심신질환'). 정신질환에서 비롯된 그러한 증상은 마음에 영향을 미치는 치료과정을 통해 좋아지는 수가 있었다. 특히 그 치료가 자신에게 도움이 될 것이라고 환자가 믿는 경우, 자신의 병이 심신성인데다 그 치료가 정말 도움이 될 것이라고 믿는 경우에 그랬다. 그런 이유로 해서 성직자건 주술사건 구마술(exorcism)이 효과가 있을 수 있다.

구마술을 신학에서 생물학의 세계로 가져온 이는 처음 자신의 치료에 자석을 쓴 오스트리아의 의사 메스머(Friedrich Anton Mesmer, 1733-1815)이다. 그는 곧 자석을 버리고 자신의 두 손으로 최면을 걸기 시작했는데, 그는 그것을 '동물 자기'라고 불렀다. 물론 그는 병을 고쳤다.

메스머는 환자를 어떤 단조로운 자극에 집중케 함으로써 최면상태에 들게 할수록 치료 효과가 빠르다는 것을 알아냈다. 이 과정(오늘날까지 '메스머 치료술'이라 때로 불리는)을 통해, 환자의 마음은 많은 외부 자극의 공격으로부터 풀려나고 치료사에게 집중하게 된다. 환자는 그리하여 보다 '암시를 받기 쉬워지게' 된다.

메스머는 한때 대단한 성공을 거두었다. 특히 파리로 간 1778년이 그랬다. 그러나 거의 협잡에 가까운 신비주의를 자신의 기술에 덮어씌웠고 나아가서는 심신질환이 아닌 병까지 고치려 했다. 물론 병은 못 고쳤고, 환자는 물론 정통적인 방법을 고수하던 경쟁관계의 의사들로부터 불평이 쇄도했다. 전문가들로 구성된 위원회가 그를 조사했고 불리한 보고서를 제출했다. 메스머는 파리를 떠나 스위스로 가서 은퇴해야 했다.

그러나 그의 치료술의 핵심 부분이 갖는 가치는 그대로 남게 되었다. 반세기가 지나서 스코틀랜드의 외과의 브레이드(James Braid, 1795-1860)는 메스머 치료술을 체계적으로 연구한 끝에 치료술의 이름을, 잠을 뜻하는 그리스어에서 유래한 '최면술'(hypnotism)로 바꿨다. 그는 1842년 최면술에 대한 합리적인 보고를 했고 드디어 그 기술이 의료행위의 세계로 들어오게 되었다. 정신질환에 대한 연구 및 치료를 뜻하는, 새로운 의학 전공인 **정신의학**(psychiatry)이 시작되었다.

이 전공을 크게 발전시킨 이는 오스트리아의 의사 프로이트(Sigmund Freud, 1856-1938)이다. 의대 재학 시절 및 그 후 몇 년 동안 프로이트는 신경계에 대한 전통적인 연구에 매달렸다. 예를 들어 그는 신경 종말을 약화하는 코카인에 대한 최초 연구자이다. 프로이트와 같은 병원에서 근무한 인턴인 콜러(Carl Koller, 1857-1944)는 프로이트의 연구에 흥미를 보인 끝에 1884년 드디어 안과 수술에 코카인을 성공적으로 써먹을 수 있었다. 이 일이 신체 특정 부위의 감각을 둔화시키는 '국소마취제'(local anesthetic)의 첫 적용 사례였다. 이로써 국소수술을 위해 더 이상 전신마취를 하지 않게 되었다.

1885년 프로이트는 파리로 가서 최면술을 알게 되었고 그로 인해 심신 질환의 치료에 관심을 기울이게 되었다. 비엔나로 돌아와 프로이트는 최면술을 더욱 발전시키기 시작했다. 그가 보기에 마음에는 의식과 무의식이 함께 들어 있었다. 사람들이 감추고자 하는 고통스런 기억, 희망 사항, 욕망 등은 그가 생각하기에 '억압'(repressed)되어 있었다. 다시 말해 무의식 속에 저장되어 있었다. 이러한 저장을 사람들은 의식적으로 알 수가 없을 테지만, 행동이나 태도가 이의 영향을 받거나 이런 저런 신체 증상이 그 때문에 생겨날 수는 있었다.

최면술에 걸리면 무의식이 언뜻 드러나는 것 같았다. 환자가 정상의 의식 상태에서는 공백이던 주제를 꺼냈기 때문이다. 그러나 1890년대에 들어서자 프로이트는 최면술을 그만두고 환자가 최소한의 유도하에 제멋대로, 자유롭게 말할 수 있는 '자유연상법'(free association)으로 바꾸게 된다. 이 새 방식에서 환자는 차츰 경계를 풀게 되고 마침내 문제를 드러내게 된다. 보통의 상태에서는 환자 본인의 의식에서마저 감춰져 있던 문제인데도 말이다. 이 새 기술이 최면술보다 나은 점은 환자가 진행 중인 일을 항상 알고 있으므로 자신이 말한 것을 나중에라도 알려줄 필요가 없다는 것에 있었다.

이상적으로는 환자가 무의식의 내용을 일단 알게 되면, 자신의 반응은 더 이상 까닭을 모르는 것이 아니므로, 새롭게 알게 된 동기의 이해를 통해 자신의 반응을 보다 쉽게 바꿀 수 있게 될 것이다. 마음의 내용에 대한 이러한 느린 분석을 '정신분석'(psychoanalysis)이라고 부른다.

프로이트에게 꿈은 무척 중요한 것이었다. 그가 보기에 꿈은 깨어있을 때에 안 하는 방식(보통은 고도로 상징화된 방식)으로 무의식의 내용을 드러내어 보여주는 것 같았다. 그의 저서 〈꿈의 해석〉은 1900년에 출판되었다. 그는 한 걸음 더 나아가 성적인 욕망이 여러 가지 측면에서 그리고 어린 아이들에게서마저 동기의 가장 중요한 원천이라고 생각했다. 이러한 견해는 의학계는 물론 대중까지 분노하도록 만들었다.

1902년부터 일단의 젊은이들이 프로이트의 주변으로 몰려들기 시작했다. 그러나 그들은 항상 프로이트와 의견이 일치한 것이 아니었고, 프로이트 역시 자신의 의견을 굽힐 줄 몰랐으며 타협하는 편이 아니었다. 오스트리아 정신과의 아들러(Alfred Adler, 1870-1937)와 스위스 정신과의 융(Carl Gustav Jung, 1870-1961)은 결국 결별하고 독립하여 자기 나름의 체계를 세웠다.

신경과 뇌

그러나 사람 마음은 워낙 복잡한 것이라서 정신의학의 믿음은 대개 개인 차원의 의견에 머물고 말았다. 학파마다 견해가 달랐는데도 어느 쪽을 택해야 할지 객관적인 방법이 없었다. 더욱 진보하기 위해서는 신경계의 기초과학인 **신경학(neurology)**이 충분히 발전할 때까지 기다릴 필요가 있었다.

신경학은 1760년대에 인체 생리에 대해 8권으로 된 교과서를 출간한 바 있는 스위스의 생리학자 할러(Albrecht von Haller, 1708-77)와 더불어 시작되었다. 당시에는 신경이 비어있는 관이며 정맥이 혈액을 운반하듯 신비한 '정신'이나 액체를 운반할 것이라는 생각이 일반적으로 받아들여지고 있었다. 그러나 할러는 이를 배척하고 실험에 근거하여 신경의 작용을 재해석했다.

예를 들어 그는 근육이 '자극에 반응할 수 있다는' 것을 알아냈다. 근육에 약간의 자극을 줘도 예리한 수축이 일어났기 때문이다. 그는 또한 신경에 대한 약간의 자극으로 그 신경에 붙은 근육에서 예리한 수축이 일어난다는 것을 알아냈다. 둘 중에서는 신경이 보다 자극에 반응했기 때문에 할러는 근육의 운동을 통제하는 것은 근육에 대한 직접적인 자극이 아니라 신경에 대한 자극이라고 판단했다.

할러는 또한 조직 자체는 감각을 경험할 수 없고 오히려 신경이 통로로 작용해서 신호를 운반한 끝에 감각이 생겨난다는 것을 보여줬다. 더 나아가 그는 신경이 모두 뇌나 척수에 이르고, 그러니까 뇌나 척수가 지각과 반응의 중심임을 보여줬다. 그는 동물의 살아있는 뇌를 자극하거나 손상시키는 실험을 하여 그 결과 생기는 반응이나 마비의 유형에 주목하기도 했다.

할러의 연구를 이어받은 이는 1796년에 그 주제로 강의를 시작한 독일의 생리학자 갈(Franz Joseph Gall, 1758-1828)이었다. 그는 신경이 뇌에 이를 뿐 아니라 뇌 표면의

'회백질'에 이른다는 것을 밝혀냈다. 표면 아래의 '백질'은 결합 물질일 것으로 생각했다.

갈은 할러처럼 뇌의 특정 부분이 신체의 특정 부위를 통제할 것이란 생각을 했다. 그는 이 생각을 극대화한 끝에 특정 지각 및 특정 근육의 운동뿐 아니라 모든 감성과 기질마저 뇌의 특정 부위에 할당되어 있다고 생각하기에 이르렀다. 그의 후계자들은 그의 견해를 어리석으리만치 밀어붙여 감성과 기질은 너무 많게 되면 두개골에 난 혹 같은 융기를 만져 알 수 있다고까지 믿게 되었다. 그런 식으로 해서 엉터리 과학인 '골상학'이 생겨났다.

어리석은 골상학 때문에 갈이 부분적으로 옳았다는, 뇌에는 정말 특수 영역이 있다는 사실이 잠시 흐려지고 말았다. 그런 가능성을 가짜 과학으로부터 건져내어 합리적인 연구의 세계로 되돌린 것은 프랑스의 신경외과의 브로카(124페이지 참조)였다. 숱한 부검 끝에 1861년, 그는 실어증으로 고생한 환자의 뇌 상부, 대뇌의 특정 지점에 손상이 있다는 것을 밝혀냈다. 그 지점은 좌측 전두엽의 '브로카 뇌회'(Broca's convolution)라고 부르는 세 번째 뇌회상에 있었다.

1870년대가 되어 독일의 신경학자 프리치(Gustav Theodor Fritsch, 1838-91)와 히트지히(Eduard Hitzig, 1838-1907)가 연구를 더욱 진행했다. 그들은 살아있는 뇌를 노출시킨 뒤 전기침으로 여러 부분을 자극해 보았다. 그리하여 특정 지점을 자극하면 특정 근육의 운동을 유발함을 알아냈다. 그런 식으로 해서 그들은 말하자면 뇌 위에 신체 지도를 작성할 수가 있었다. 좌뇌 반구는 신체의 우측을 통제하고 우뇌 반구는 좌측을 통제함도 알아냈다.

그리하여 뇌가 신체를 통제할 뿐 아니라 아주 특수한 방식으로 통제한다는 것에 모두가 이의를 달지 않게 되었다. 모든 정신 기능은 어떤 방식으로든 대뇌 생리학과 관련이 있는 듯이 보였다. 이는 마음을 단지 신체의 연장으로 여기게 만들어 사람의 가장 큰 능력을 기계론의 영역 속으로 끌고 들어가는 일로 이어질 것 같았다.

세포설이 등장하자 이윽고 신경계에 적용되기 시작했다. 19세기 중반 생물학자들이 뇌와 척수에서 신경세포를 찾아내긴 했지만 신경 섬유의 성질은 막연하기만 했다. 문제를 해결한 것은 독일의 해부학자 발다이어(Wilhelm von Waldeyer, 1836-1921)였다. 그는 1891년 섬유가 신경세포의 섬세하게 늘어난 연장이며 신경세포의 일부라고 주장했다. 따라서 전체 신경계는 '뉴런'(neuron)으로 구성되며, 뉴런은 신경세포 본체 더하기 그 늘어난 연장이었다. 이를 '뉴런설'이라 한다. 나아가 발다이어는 세포가 다르면 길게 늘어진 섬유가 가까이 다가올 수는 있지만 결코 만나는 일이 없다는 것을 보여줬다. 뉴런 사이의 틈은 후에 '시냅스'(synapse)로 불리게 된다.

뉴런설은 이탈리아의 세포학자 골지(Camillo Golgi, 1844-1926)와 스페인의 신경학자 카할(Santiago Ramón y Cajal, 1852-1934)로 말미암아 그 기반이 확고해질 수 있었다. 1873년 골지는 은염을 이용하는 세포 염색법을 찾아냈다. 이 염색법을 써서 그는, 오래도록 기능이 알려지지 않았던 세포 내의 구조물인 '골지체'(Golgi body)를 보여줄 수가 있었다.

골지는 자신의 염색법을 특히 신경조직에 써봤고 효과가 있음을 알게 되었다. 그는 이전에 못 보던 것들을 상세하게 보게 되어, 전에 없이 또렷하게 신경세포의 미세한 돌기를 관찰할 수 있었고 시냅스까지 분명하게 볼 수 있었다. 그럼에도 불구하고 그는 발다이어의 뉴런설 발표를 알고 나자 반대했다.

그렇지만 카할은 뉴런설을 강력하게 지지했다. 개선된 골지 염색법을 써서 상세한 구조를 보임으로써 뉴런설에 의심의 여지가 없음을 증명했고 뇌와 척수, 그리고 눈 망막이 모두 세포로 되어 있음을 밝혔다.

행동

뉴런설은 동물 행동의 문제에 유용하게 써먹을 수 있었다. 일찌감치 1730년에 헤일즈(87페이지 참조)는 머리 잘린 개구리의 피부를 찌르면 여전히 다리를 찰 수 있다는 것을 발견했다. 여기서 신체는 뇌의 도움 없이 기계적으로 반응했다. 이로써 얼마간 자동적인 '반사행동'(reflex action)의 연구가 시작되었다. 반사행동이란 정해진 패턴을 따라 의지의 개입 없이 자극 후에 금세 반응이 뒤따르는 것을 말한다.

인간도 그러한 자동 행동에서 완전히 자유로운 것이 아니다. 슬개골 바로 아래를 때리면 익숙한 무릎 반사가 일어난다. 우연히 뜨거운 것에 손이 닿으면, 그 물체가 뜨

겁다는 것을 의식적으로 알아채기 전에 즉각 손을 떼고 만다.

영국의 생리학자 쉐링턴(Charles Scott Sherrington, 1861-1952)은 반사행동을 연구한 끝에 **신경생리학(neurophysiology)**의 기반을 마련했다. **신경해부학(neuroanatomy)**은 그 이전에 골지와 그의 염색법에 의해 창시된 바 있다. 쉐링턴은 적어도 두 개, 보통은 그 이상의 뉴런으로 구성되는, 복합체인 '반사궁'(reflex arx)의 존재를 밝혔다. 한 곳에서의 감각 입력은 하나의 뉴런을 따라 신경 신호를 보내고, 그 다음에 시냅스(쉐링턴이 이 말을 지어냄)를 건너고, 그 다음에 돌아오는 뉴런을 거쳐, 다른 장소에 닿고, 거기서 근육 수축이나 선 분비를 자극한다. 최초와 최후 사이에 개재 뉴런이 하나냐 그 이상이냐 하는 것은 원리에 영향을 미칠 바가 아니었다.

시냅스의 배열 특성상 신경 신호는 어떤 시냅스를 다른 것보다 더 잘 통과하는 듯했다. 그러므로 신경계를 구성하는, 복잡한 뉴런망을 쉽게 통과하는 특정 '경로'란 것이 있을 수 있었다.

하나의 경로가 다른 경로를 위한 길을 터줄 수 있고, 즉 다시 말해, 한 반사궁의 반응은 두 번째를 위한 자극으로 작용할 수 있고, 두 번째는 다시 세 번째를 위한 자극으로 작용하는 새로운 반응을 일으킬 수 있다는 생각도 해 볼 수 있다. 전체 반사는 합쳐져 우리가 '본능'이라고 부르는, 얼마간 복잡한 행동 패턴을 구성할지도 모른다.

곤충처럼 비교적 작고 단순한 생물은 한 다발의 본능에 지나지 않을 수도 있다. '신경 경로'가 유전되는 것으로 충분히 손쉽게 생각할 수 있으므로, 우리는 본능도 유전되는 것이며 태어날 때부터 존재한다는 것을 이해할 수 있다. 따라서 거미는 한 번도 집짓는 것을 본 적이 없어도 거미집을 완벽하게 지을 수 있다. 그리고 종이 다르면 짓는 거미집도 다를 것이다.

포유류(특히 인간)는 비교적 본능이 빈약하지만 그 대신 학습 능력, 즉 경험에 근거하여 새로운 행동 패턴을 발전시킬 능력이 있다. 뉴런설로 그러한 행동을 체계적으로 연구하는 것이 어려울 경우라도 순전히 경험적인 방식으로 행동을 분석할 수는 있다. 지적인 인간은 역사를 통해 사람들이 특정한 상황하에서 어떻게 반응하는지 배울 수 있었고, 그런 능력으로 인해 성공한 지도자가 될 수 있었다.

그러나 인간 마음에 대한, 적어도 환경을 감지하는 능력에 대한 정량적인 측정을 최초로 시도한 이는 독일의 생리학자 웨버(Ernst Heinrich Weber, 1795-1878)이다. 1830년대에 그는 같은 종류인 두 감각 사이의 차이 크기가 감각 강도의 로그 값에 좌우된다는 것을 알아냈다.

방에 불을 밝히는 경우처럼 하나의 양초가 켜진 방이 있다면, 두 번째의 같은 양초는 *x*라는 양만큼 방을 밝힌 것으로 감지될 것이다. 그런 정도로 더욱 밝히려면, 촛불 하나를 보태는 것으로는 안 되고 점점 더 많은 촛불이 있어야 할 것이다. 처음에는 방을 *x*만큼 밝히기 위해 촛불을 하나 보태는 것으로 충분했지만, 그 다음에 *x*만큼 더 밝히기 위해서는 두 개의 촛불이 필요할 것이고, 그 다음에는 네 개, 그 다음에는 여덟 개가 필요할 것이다. 이 원칙은 1860년에 독일의 물리학자 페흐너(Gustav Theodor Fechner, 1801-87)에 의해 대중에게 알려졌고 그 결과로 종종 '웨버-페흐너 법칙'이라고 불린다. 이렇게 해서 감각에 대한 정량적인 연구인 **심리물리학**(psychophysics)이 시작되었다.

행동에 관한 연구인 **심리학(psycholgy)**을 수학으로 단순화하는 것은 일반적으로 쉬운 일이 아니지만, 실험으로 다룰 수는 있다. 이러한 접근의 창시자는 1879년 실험심리학을 목적으로 최초의 연구실을 연 바 있는 독일의 생리학자 분트(Wilhelm Wundt, 1832-1920)였다. 그의 연구로부터 침팬지가 바나나를 얻기 위한 방법을 궁리하거나 쥐가 미로를 푸는 실험 방법 등이 생겨났다. 이는 사람에게도 적용되었다. 사실 질문하기와 문제 풀기를 인간의 지능 측정에 사용하려던 시도가 있었긴 하다. 프랑스의 심리학자 비네(Alfred Binet, 1857-1911)가 1905년 자신의 첫 IQ(지능 지수) 검사법을 발표했다.

행동을 신경계와 관련짓는 기초 연구는 러시아의 생리학자 파블로프(Ivan Petrovich Pavlov, 1849-1936)에 의해 이뤄졌다. 연구 초기 그는 신경의 소화액 분비 조절에 흥미를 보였다. 그러나 세기가 바뀌자 반사 연구를 하기 시작했다.

굶주린 개는 음식을 보면 침을 흘린다. 이는 적절한 반사이다. 침이 윤활제로서 그리고 소화 작용에 필요하기 때문이다. 개에게 음식을 보일 때마다 벨을 울리면, 개는 벨소리와 음식 모습을 연결하게 될 것이다. 이윽고 개는 음식이 보이지 않아도 벨소리를 듣게 되는 즉시 침을 흘리게 될 것이다. 이것이 '조건반사'(conditioned raflex)이다. 파블로프는 이런 식으로 모든 종류의 반사를 일으킬 수 있음을 보여줬다.

모든 학습은 단지 조건반사의 발달 또는 신경망의 새로운 연결 문제일 뿐이라고 주장한 행동주의 심리학파가 자라났다. 사람이 활자로 인쇄된 '의자'를 그 단어로 발음할 때 생기는 소리 패턴 및 앉는 실제 물체와 관련짓게 되면, 이윽고 단순히 '의자'라는 글자만 봐도 즉각 그 물체에 대한 생각을 떠올리게 될 것이다. 전성기 때의 이 학파를 대표한 이는 두 명의 미국인 심리학자 왓슨(John Broadus Watson, 1878-1958)과 스키너(Burrhus Frederic Skinner, 1904-90)였다.

행동주의는 심리학의 지극히 기계론적인 견해로 마음의 온갖 측면을 신경망의 물리적인 패턴 문제로 단순화했다. 그러나 현재의 느낌으로는 이는 지나치게 단순한 해석인 듯하다. 마음이 기계론적으로 해석된다고 하더라도 보다 미묘하고 복잡한 방식으로 행해져야만 할 것이다.

신경 전위

신경망을 거론할 때 신경망 속의 여러 경로를 통해 통과하는 신경신호에 대해 얘기하기가 쉽지만 정작 신경신호란 정확하게 무엇으로 되어 있는 것일까? '성신'이 신경 속을 흐른다는 낡은 신조는 할러와 갈에 의해 산산조각이 났지만, 이탈리아의 해부학자인 갈바니(Luigi Galvani, 1737-98)에 의해 1791년 해부된 개구리의 근육이 전기 자극을 받으면 경련을 일으킨다는 사실이 발견되자, 비록 새로운 형태라고는 하지만 당장 되살아났다. 그는 근육이 생성하는 '동물 전기'와 같은 것이 있다고 선언했다.

이 제안은 그냥 그대로는 옳은 것이 아니었지만, 제대로 고치니 꽤 유익했다. 독일의 생리학자인 레이몬트(Emil Du Bois-Reymond, 1818-96)는 재학 시절 전기어류에 대한 논문을 쓴 바 있는데 이를 계기로 평생 조직 내의 전기 현상에 흥미를 갖게 되었다. 1840년부터 그는 낡은 기구의 개량에 착수하여 새로운 기구, 예컨대 신경과 근육 속을 통과하는 작은 전류를 검출할 수 있는 기구를 창안해 냈다. 그 새로운 기구를 사용하여 그는 신경신호가 신경에서 전기 상태의 변화를 일으킨다는 것을 보여줄 수 있었다. 신경신호는 그 성질이 최소한 부분적으로 전기였고, 그 전기는 신경으로 된 '정신'을 믿은 옛사람들이 기대한 만큼 미묘한 유체였다.

전기적인 변화는 신경뿐 아니라 근육을 따라서도 이동한다. 심장처럼 규칙적인 수축을 일으키는 근육의 경우, 전기적인 변화 또한 규칙적이다. 1903년 네덜란드의 생리학자 에인트호벤(Wilhelm Einthoven, 1860-1927)은 아주 약한 전류의 검출이 가능한, 고감도의 '단선검류계'(string galvanomethr)를 고안해냈다. 그는 전극을 피부에 댄 뒤 단선검류계를 써서 리드미컬하게 변하는 심장의 전위를 기록했다. 1906년 그는 자신이 기록한 '심전도'(EKG)와 여러 가지 심장질환의 관계를 알아낼 수가 있었다.

독일의 정신과 의사 베르거(Hans Berger, 1873-1941)가 전극을 두개골에 붙인 뒤 뇌 활동에 수반하여 리드미컬하게 변하는 전위를 기록함으로써 1929년 비슷한 위업을 달성했다. '뇌파'(EEG)는 극히 복잡하고 해석하기에도 난해했다. 그러나 뇌종양처럼 뇌손상이 광범위한 경우는 쉽게 변화에 주목할 수 있었다. 그 옛날의 '신성한 질병'인 간질(15페이지 참조) 또한 뇌파상에 그 변화가 쉽게 드러났다.

그러나 전위가 답의 전부일 수는 없었다. 신경을 따라 이동하는 전기 신호가 두 뉴런 사이의 시냅스 간극을 그냥 건널 수 없기 때문이다. 다른 어떤 것이 건너야 하며 건너고 난 뒤에는 다음 뉴런에서 새로운 전기 신호를 시작해야 한다. 독일의 생리학자 뢰비(Otto Loewi, 1873-1961)는 1921년 신경신호에는 전기적인 변화뿐 아니라 화학적인 것이 포함된다는 것을 증명했다. 자극을 받은 신경에서 방출되는 화학물질이 시냅스 간극을 건넌다. 그러한 특정 화학물질은 영국의 생리학자 데일(Henry Hallet Dale, 1875-1968)에 의해 아세틸콜린임이 재빨리 동정(同定)되었다.

그 뒤 이런저런 방식으로 신경 작용과 관계가 있는 다른 화학물질들이 발견되었다. 정신질환 증상을 일으키는 일부 화학물질도 발견되었다. 이러한 **신경화학(neurochemistry)**은 아직 초기 단계이지만 이윽고 인류의 마음을 연구하는 새롭고 강력한 수단이 되리란 희망을 품게 한다.

11장 혈액

호르몬

뉴런설의 성공은 세균설과 마찬가지로 절대적인 것이 아니었다. 완전히 파죽지세로 나아가진 못했다. 신경을 따라 이동하는 전기적인 전달자는 신체의 유일한 통제 방식이 아니었다. 혈류를 통해 나아가는 화학적인 전달자가 있었기 때문이다.

예컨대 1902년 영국의 생리학자 스탈링(Ernest Henry Starling, 1866-1927)과 베일리스(William Maddock Bayliss,

1866-1924)는 췌장과 관련된 모든 신경을 끊은 후에도 췌장이 제때에 작동한다는 것을 발견하였다. 즉, 위장으로부터 산성으로 된 음식물이 소장으로 들어오자마자 소화액이 제대로 분비되었다. 위산의 영향을 받으면 소장의 벽으로부터 스탈링과 베일리스가 '세크리틴'으로 명명한 물질이 분비된다는 것이 밝혀졌다. 췌액의 유출을 자극한 것은 바로 이 세크리틴이었다. 2년 후 스탈링은 다른 기관이나 기관들의 활동을 일깨울 목적으로 특정 '내분비샘'(endocrine gland)에서 혈액 속으로 방출되는 모든 물질에 하나의 이름을 제안했다. 호르몬이었다. '호르몬'(hormone)이란 말은 '활동하도록 깨우기'를 뜻하는 그리어스어에서 유래하였다.

호르몬설은 꽤 유익했다. 왜냐하면 미량으로 혈액 속을 돌아다니는 많은 호르몬이 자신의 효과를 정교하게 발휘함으로써 신체의 화학 반응들 사이에 조심스런 균형을 유지하거나 변화가 필요한 곳에 잘 통제되는 변화를 초래했기 때문이다. 1901년 이미 일본계 미국인 화학자 타카미네(Jokichi Takamine, 1854-1922)가 부신에서 지금은 에피네프린(또는 상표명 아드레날린)으로 부르는 물질을 분리해낸 적이 있는데 이는 곧 호르몬으로 인정되었다. 분리되어 구조가 밝혀진 최초의 호르몬이었다.

호르몬의 조절을 받을 것으로 재빨리 기대된 과정은 기초대사율과 관련된 과정이었다. 마그너스-레비가 BMR 수치 변화와 갑상선 질환 사이에 관계가 있음을 지적한 적이 있는데(156페이지 참조), 미국의 생화학자인 켄덜(Edward Calvin Kendall, 1886-1972)이 1916년 갑상선으로부터 자신이 티록신으로 명명한 물질을 분리해 내는데 성공했다.

그러나 호르몬 연구 초기의 가장 눈부신 성과는 당뇨병과의 관계를 밝힌 데 있을 것이다. 당을 분해하여 에너지를 얻는 방식에 장애가 발생하면, 당뇨 환자의 혈중에 비정상적으로 높은 수치의 당이 축적된다. 이윽고 신체는 여분의 당을 오줌 속으로 보내 제거하지 않을 수 없고, 그러면 오줌 속 당의 출현은 병이 제법 진행된 표시가 된다. 19세기까지 이 병에 걸리면 죽음이 확실시 되었다.

췌장이 어떤 식으로든 이 병과 관련되어 있다는 의심이 생겨났다. 왜냐하면 1893년 독일의 두 생리학자 메링(Joseph von Mering, 1849-1908)과 민코프스키(Oscar

Minkowski, 1858-1931)가 실험동물에서 췌장을 적출했을 때 중증 당뇨가 빠르게 생겨난다는 것을 발견했기 때문이다. 스탈링과 베일리스에 의해 호르몬설이 일단 제안되자 신체가 당을 분해하는 방식을 조절하는 호르몬을 췌장이 만들어낸다고 생각하는 것이 논리적인 듯이 보였다.

그러나 켄덜이 갑상선에서 티록신을 분리한 것처럼 췌장에서 호르몬을 분리해내려는 시도는 실패로 끝나고 말았다. 물론 췌장의 주된 기능은 소화액 생성이고, 소화액에는 다량의 단백질 분해 효소가 들어 있었다. 만일 호르몬 자신이 단백질이라면(결국 그런 것으로 밝혀졌지만), 추출 과정에서 분해되고 말 가능성이 높을 것이다.

1920년 캐나다의 젊은 의사 반팅(Frederick Grant Banting, 1891-1941)은 살아있는 동물의 췌관을 묶어놓고 한동안 그런 상태로 두는 생각을 떠올렸다. 췌장의 소화액 장치는 소화액을 배출하지 못해 퇴화할 것이지만, 혈류 속으로 직접 호르몬을 분비하는 부분은 (그의 희망사항인 즉) 무탈할지 모른다. 1921년 그는 토론토대학에 연구실을 마련해 조수인 베스트(Charles Herbert Best, 1899-1978)와 함께 자신의 생각을 실행에 옮겼다. 그렇게 해서 그는 그 유명한 호르몬 '인슐린'(insulin)의 분리에 성공할 수 있었다. 인슐린 덕택으로 당뇨병은 제어 가능한 것이 되었다. 비록 병이 진짜 낫는 것이 아니고 또 평생토록 지루한 치료를 받아야 하겠지만, 그럼에도 불구하고 삶의 질은 정상에 가까웠고 무엇보다 수명이 연장되었다.

그 뒤 속속 다른 호르몬들이 분리되었다. 1929년을 시작으로 몇 년에 걸쳐, 독일의 화학자 부테난트(Adolph Friedrich Johannes Butenandt, 1903-95)에 의해 '성호르몬'(사춘기 때의 2차 성징 발달 및 여성의 생리주기를 조절하는)이 난소와 정소로부터 분리되었다.

폴란드계 스위스 화학자 라이히슈타인(Tadeus Reichstein, 1897-1966)과 티록신을 발견한 켄덜 같은 이들의 노력에 힘입어 부신의 바깥 부위, 즉 '피질'(cortex)로부터 '코르티코이드'(corticoid) 호르몬의 전 구성원이 분리되었다. 1948년 켄덜의 한 조수였던 헨치(Philip Showalter Hench, 1896-1965)는 이들 코르티코이드 중 하나인 '코르티손'(cortisone)이 류마티스 관절염 치료에 유익하다는 것을 발견했다.

1924년 아르헨티나의 생리학자 우사이(Bernardo Alberto Houssay, 1887-1971)는 뇌의 바닥에 있는 작은 구조물인 뇌하수체가 어떤 식으로든 당 분해와 관련이 있다고 발표했다. 나중이 되어서야 뇌하수체에는 다른 중요한 기능들도 있음이 밝혀졌다. 중국계 미국인 생화학자 리(Cho Hao Li, 1913-87)는 1930년대와 1940년대에 걸쳐 뇌하수체에서 여러 가지 많은 호르몬을 분리해냈다. 예를 들어 그 중 하나는 성장의 전반적인 속도를 조절하는 '성장호르몬'(growth hormone)이다. 과량으로 생산되면 거인이 되고 부족하게 생산되면 난쟁이가 된다.

호르몬에 관한 연구인 **내분비학(endocrinology)**은 20세기 중반 생물학의 극히 복잡한 분야였지만 동시에 극히 유익한 분야이기도 했다.

혈청학

혈액의 호르몬 운반 기능은 19세기가 끝나갈 무렵에 밝혀진 이 유체의 새로운 이점 중 하나에 불과했다. 항체 운반 역할도 하는 혈액은 감염의 훌륭한 장벽이기도 했다. (이제는 믿기 어렵지만, 한 세기 반 정도 전까지 의사가 아픈 환자를 도와주는 최선의 길은 환자에게서 혈액을 얼마만큼 빼서 버리는 일이었다!)

미생물에 대한 혈액의 방어 능력이 인정을 받게 된 것은 코흐(180페이지 참조)의 두 조수 덕분이었다. 독일의 세균학자 베링(Emil Adolf von Behring, 1854-1917)과 에를리히(Paul Ehrlich, 1854-1915)가 그들이었다. 베링은 동물에게 특정 세균을 주사하면 그에 대한 항체의 형성이 유도되고 그러면 그 항체는 혈액의 액체 부분인 '혈청'(serum)에 존재하게 된다는 것을 알아냈다. 만약 그 동물에게서 혈액 시료를 채취한 뒤, 항체가 들어 있는 혈청을 다른 동물에 주입하면, 주입 받은 동물은 적어도 당분간 그 세균이 일으키는 질병에 대한 면역을 갖게 될 것이다.

베링은 이 아이디어를 특히 어린이들이 걸리면 죽음이 확실시되는 질병인 디프테리아에 시험해 볼 생각을 문득 하게 되었다. 어린이가 병으로부터 살아남으면 면역이 생기게 되는데, 세균 독소와의 싸움에서 왜 자신의 항체를 만들기까지 기다려야만 하는 걸까? 먼저 동물에게서 항체를 만들게 한 다음 그 항체의 혈청을 아픈 어린이에게 주사하면 안 될까? 이 생각은 1892년 디프테리아가 유행하던 해에 시도되었고 치료는 성공적이었다.

에를리히와 베링이 이 실험을 함께 했으나 실제의 투여 용량 및 치료 기술의 문제를 해결한 것은 아마도 에를리히였다. 두 사람은 다퉜고 그 이후 에를리히는 독립해서 일하며 혈청 이용 방법을 갈고 닦았다. 그래서 그가 혈청의 이용에 관한 기술인 **혈청학(serology)**의 창시자로 여겨지고 있다. 이 기술에는 질병에 대한 면역의 연구인 **면역학(immunology)**이 포함된다.[역주) 15]

벨기에의 세균학자 보르데(Jules Jean Baptist Vincent Bordet, 1870-1961) 또한 이 분야의 초기 연구에 큰 기여를 했다. 1898년 메치니코프(177페이지 참조)의 지도하에 파리에서 연구하던 중 그는 혈청을 55℃로 가열해도 그 속의 항체가 본질적으로 무사하다는 것을 발견했다. 가열 이전에 결합했던 화합물질인 '항원'(antigen)과 여전히 결합했기 때문이다. 그러나 세균을 파괴하는 혈청의 능력은 사라졌다. 혈청 속의 아주 부서지기 쉬운 어떤 성분 또는 성분군이 항체가 세균과 반응하기 전에 항체의 보조물로 작용함에 틀림이 없었다. 보르데는 이 성분을 '알

역주) 15 그때는 그랬을지 모르나 혈청학이란 말을 거의 쓰지 않고 면역학이란 용어를 주로 쓰고 있다.

렉신'으로 명명했으나 에를리히는 보다 직선적으로 '보체'(complement)라고 명명했는데, 오늘날까지 이 이름으로 불리고 있다.

1901년 보르데는 항체가 항원과 반응할 때 보체가 소모됨을 관찰했다. 그리고 '보체결합반응'(complement fixation)이라는 이 과정이 매독의 진단법에 특히 유용함을 알게 되었다. 1906년 독일의 세균학자 와세르만(August von Wasserman, 1866-1925)이 이를 해결했으므로, '와세르만 검사법'으로 불리게 되었다.

와세르만 검사법에서 환자의 혈청은 특정 항원과 반응하게 된다. 만약 매독균에 대한 항체가 그 혈청 속에 존재하게 되면 반응이 일어날 것이고 보체가 소모될 것이다. 그러므로 보체의 소실은 매독의 표시가 된다. 보체가 소실되지 않으면 반응이 일어나지 않은 것이고 매독은 없는 것이 된다.

혈액형

20세기가 열리면서 혈청학은 예기치 못한 곳에서 승

리를 거두었다. 질병에 관해서가 아니라 혈액의 개인차에 관해서였다.

역사를 통틀어 의사들은 대량 출혈 때 건강한 사람 또는 동물의 혈액까지 환자의 정맥 속으로 옮겨 실혈을 보충하고자 했다. 더러 성공하는 경우도 있었지만 그러한 처치로 죽음이 앞당겨지는 경우가 더 많았다. 급기야 19세기가 끝날 무렵 유럽 대부분의 국가에서 그러한 수혈 시도가 금지되었다.

오스트리아의 의사 란트슈타이너(Karl Landsteiner, 1868-1943)가 문제에 대한 실마리를 찾아냈다. 그는 1900년 사람의 혈액은 적혈구를 응집시키는(즉, 이들을 서로 엉기게 하는) 혈청의 능력에 있어서 차이가 있음을 발견했다. 한 혈청 시료는 사람 A의 적혈구를 엉기게 하되 사람 B는 그렇게 못 한다. 다른 혈청 시료는 반대로 사람 B의 적혈구를 엉기게 하되, 사람 A는 그렇게 못 한다. 다시 다른 시료는 양자를 엉기게 하고, 다시 또 다른 시료는 둘 다 엉기게 못 한다. 1902년까지 란트슈타이너는 사람의 혈액을 자신이 A, B, AB, O라고 명명한 네 가지 '혈액군' 또는 '혈액형'(blood type)으로 나눌 수 있었다.

일단 그렇게 되자 어떤 조합으로 해야 수혈이 안전할지, 다르게 조합하면 들어온 적혈구가 응집해서 치명적인 결과가 뒤따를지 예측하는 것이 손쉬운 일이 되었다. 즉, 각 환자와 헌혈자의 혈액형에 대한 사전 지식에 근거한 수혈이 의료행위의 중요한 일부가 되었다.

그 후 40년에 걸쳐 란트슈타이너 등은 수혈에 영향을 미치지 않는 혈액형을 더 찾아냈다. 이들 혈액군은 모두 멘델식 유전법칙을 따라 유전되었으므로 (1910년에 처음으로 증명됨) 모두 '친자 확인 검사'에 쓸 수가 있었다. 따라서 모두 혈액형 A인 부모 밑에서 혈액형 B의 아이는 나올 수 없다. 그러한 아이는 병원에서 아이가 바뀐 경우이거나 아버지가 따로 있는 경우일 것이다.

한편 혈액형은 오래 묵은 인종 문제에 대한 합리적인 해답도 제공하였다. 사람들은 늘 다른 사람들을 주관과 감정에 근거해 그룹으로 나누고자 했고, 자신이 속한 그룹을 '우등'에 두고자 했다. 지금도 사람을 피부색에 근거한 인종으로 나누려는 어설픈 사람들이 있다.

개인차는 점진적이되 뚜렷하지 않으며 종류의 문제가 아니라 정도의 문제임이 벨기에의 천문학자 케틀레(Lambert Adolphe Jacques Quetelet, 1796-1874)에 의해 명백해졌다. 그는 사람의 연구에 통계적인 방법을 적용했다. 그러므로 그를 인간 자연사에 대한 연구인, **인류학(anthropology)**의 창시자라 할 수 있을 것이다.

그는 스코틀랜드 병사의 가슴둘레, 프랑스 징집병의 신장, 기타 항목의 수치를 기록하여 1835년 이 수치들이 주사위 던지기나 과녁 중심의 산탄 흔적에서 기대되는 것과 마찬가지로 평균 주위에 흩어져 분포함을 발견했다. 이런 식으로 해서 임의성이 인간 세계를 파고들었고, 다시 한 번 생명이 무생명계를 지배하는 것과 동일한 법칙을 따름을 알게 되었다.

스웨덴의 해부학자 렛시우스(Andes Adolf Retzius, 1796-1860)는 그 같은 인류학적 치수를 인종 문제에 억지로 적용하고자 했다. 그는 두개골의 길이에 대한 폭의 비율에 100을 곱한 값을 '두(頭)지수'라 했다. 80 이하의 두지수는 긴 머리인 '장두형'이었고, 80 이상은 넓은 머리인 '단두형'이었다. 이런 식으로 하여 유럽인을 큰 키에 장두인 '노르딕(북유럽)형', 짧은 키에 장두인 '지중해형', 짧은 키에 단두인 '알프스형' 등으로 나누었다.

그러나 이는 보기만큼 만족스럽지 않았다. 왜냐면 차이가 근소했고, 유럽 이외에서 적용이 쉽지 않았고, 무엇보다 '두지수'가 고정된 것이거나 나면서부터 정해진 것이 아니라 바이타민 결핍이나 유아가 받는 환경에 따라 변할 수 있었기 때문이다.

그러나 혈액형의 발견 이후 이들을 분류에 써먹을 수 있는 가능성은 그럴싸해 보였다. 한 가지 이유는 이들이 눈에 띄는 형질이 아니므로 인종 차별의 편리한 지표로 쓸 수 없었기 때문이다. 이들은 진짜 나면서 정해지며 또한 환경의 영향을 받지 않는다. 그리고 무엇보다 남녀의 배우자 선택이 혈액형의 영향을 받는 일이 없으므로, 세대가 진행될수록 자유로이 섞이게 된다. (눈에 띄는 형질이라면 영향을 미칠 수도 있다.)

한 가지 혈액형으로 인종을 구분할 수는 없으나, 많은 숫자를 비교하면 혈액형 모두의 평균 분포가 유의미해진다. 이 분야의 인류학 지도자는 미국의 면역학자 보이드(William Clouser Boyd, 1903-83)였다. 1930년대에 보이드 부부는 세계 각지를 여행하며 주민들의 혈액형 조사를 하였다. 그렇게 얻은 자료와 남들이 모은 유사한 자료를 이용해 1956년 보이드는 인종을 13개 그룹으로 나눌 수 있었다. 대부분은 지리적 분포와 일치했다. 그러나 놀랍게도 'Rh -' 혈액형의 높은 빈도를 특징으로 하는 '초기 유럽인' 인종이 있었다. 초기의 유럽인은 대부분 현재의 유럽인으로 교체되었지만, 일부 남은 사람들(바스크인)이 피레네 산맥 서부의 산속에서 아직도 살고 있었다.

혈액형 빈도는 선사시대 또는 선사시대가 아닌 경우라도 인류의 이동을 추적하는 데 쓸 수가 있다. 예컨대 혈액형 B의 빈도는 중앙아시아 거주민 중에서 가장 높고, 동서로 나아감에 따라 떨어진다. 서유럽에서도 그렇다는 것은 고대 및 중세에 훈족 및 몽골족 같은 중앙아시아 유목민들이 유럽을 주기적으로 침략한 결과라고 해석하는 사람들도 있다.

바이러스 질환

한편 20세기 혈청학에는 파스퇴르와 코흐의 시대에 몰랐던 미생물 종류와의 전투에서 눈부신 성공이 예약되어 있었다. 파스퇴르가 자신의 세균설에 따라 미생물에 의해 유발되는 것이 틀림없어 보이는 감염질환인 광견병의 감염원을 찾아내려고 한 적이 있었다. 그러나 그 일은 실패로 끝났고 파스퇴르는 실패의 이유로 미생물이 존재하지만 너무 작아서 그 당시의 기술로는 검출할 수 없는 것이라는 의견을 제시했다. 이런 점에서 그의 의견은 틀리지 않았다.

감염원이 보통의 세균보다 훨씬 작다는 것은 담배 식물이 걸리는 질병 예를 들어, '담배모자이크병' 연구를 통해 사실인 것으로 밝혀졌다. 병에 걸린 식물의 즙이 건강한 식물을 감염시킬 수 있음을 알게 되었고 1892년에는 러시아의 식물학자 이바노프스키(Dmitri Iosifovich Ivanovski, 1864-1920)가 지금까지 알려진 어떤 세균도 통과 못할 만큼 미세한 필터를 통과시켜도 즙에 여전히 감염 능력이 있음을 보여주었다. 1895년 이는 또한 네덜란드의 식물학자 베이에링크(Martinus Willem Beijerinck, 1851-1931)에 의해서도 독립적으로 발견되었다. 베이에링크는 감염원에 '여과성 바이러스'(filtrable virus)란 이름을 붙였는데, 여기서 바이러스란 단지 '독'이란 뜻이었다. 이것이 **바이러스학(virology)**의 시작이다.

그후 여과성 바이러스로 유발되는 다른 질환이 더

있음을 알게 되었다. 독일의 세균학자 뢰플러(Friedrich August Johannes Löffler, 1852-1915)는 1898년 구제역이 바이러스에 의해 유발됨을 증명했고, 1901년에는 리드(184 페이지 참조)가 황열병에 대해 그렇게 했다. 이들은 바이러스에 의해 유발됨이 밝혀진 최초의 동물 질환이었다. 그 외에도 바이러스로 유발되는 질환으로는 소아마비, 발진티푸스, 홍역, 볼거리, 수두, 인플루엔자(독감), 흔한 감기 등이 있다.

바이러스가 쥐의 쥐 벼룩과 같은 경우임을 알게 된 것은 영국의 세균학자 트워트(Frederiick William Twort, 1877-1950)가 1915년 자신의 세균 콜로니 중 일부가 뿌옇게 변한 뒤 녹는 것을 관찰했을 때였다. 그는 녹아 사라진 콜로니를 여과했고 여과액 중에 정상 콜로니를 녹일 수 있는 어떤 것이 들어있음을 발견했다. 세균이 바이러스 질환에 걸리며 기생생물이 보다 작은 기생생물의 희생물이 되는 것이 명백했다. 캐나다의 세균학자 데렐(Félix Hubert d'Hérelle, 1873-1949)은 1917년 따로 유사한 발견을 하고 나서 세균에 침투하는 바이러스에 세균을 잡아먹는 것이란 뜻의 '박테리오파지'(bacteriophage)라는 이름을 붙였다.

바이러스가 일으키는 질병의 목록에서 암은 수수께끼로 남아 있어야 했다. 지난 세기 동안 암으로 죽는 사람이 차츰 늘어나 암의 중요성이 커졌다. 다른 질병들이 정복되어 남은 질병들(암도 그 중 하나)로 죽어가는 사람들의 비율이 높아졌기 때문이다. 느리지만 냉혹한 암 진행과 흔히 오래 끄는 고통스런 죽음으로 인해 암은 이제 인류가 가장 두려워하는 병이 되었다.

세균설의 성공 초기에 암이 세균성 질병으로 판명날 것이란 생각을 한 적이 있었지만, 세균은 발견되지 않았다. 바이러스의 존재가 알려진 후에는 암 바이러스를 찾았으나 역시 발견되지 않았다. 이는 암이 감염성 질환이 아니라는 점과 결부되어 많은 사람들에게 암을 병원체 질환이 아닌 것으로 믿게 만들었다.

비록 그렇다손 치더라도, 일반 질환에 대한 일반 바이러스가 발견되지 않았다고 해서 특정 유형의 암에 특정한 바이러스 유사 병원체가 발견되지 말란 법은 없었다. 1911년 미국의 의사 라우스(Francis Peyton Rous, 1879-1970)는 '육종'(sarcoma)이라는 일종의 종양이 생긴 닭을 연구 중이었다. 여러 가지 일을 겪은 끝에 그는 육종의 바이러스 함유 여부를 검사해 보기로 했다. 그는 육종을 갈아 필터를 통과시켰다. 그리고 여과액이 다른 닭에서 육종을 일으킬 수 있다는 것을 발견했다. 그에게는 이를 바이러스의 발견이라고 부를 용기가 없었지만, 다른 사람들은 달랐다.

약 4반세기 동안 '라우스 닭 육종 바이러스'가 암을 유발할 수 있는 감염원 비슷한 어떤 것의 유일한 보기였다. 그러나 1930년대와 그 후에 더 많은 사례가 발견되었다. 그럼에도 불구하고 문제가 풀리지 않은 상태여서 암의 연구인 **종양학(oncology)**은 여전히 의학의 주요한 분야이되 애태우는 분야이기도 했다.

발견된 이후 약 40년 동안 바이러스의 물리적 성질이 밝혀지지 않은 상태였지만 그렇다고 해서 바이러스 질환을 치료하기 위한 논리적 단계마저 막힌 것은 아니었다. 사실 의학에 의해 최초로 정복된 질환인 천연두는 바이러스 질환이다. 천연두 백신 접종은 천연두 바이러스에 특이적으로 대응하는 인체의 항체 생성을 촉진한다. 따라서 이는 일종의 면역학적 기술이다. 아마도 모든 바이러스 질환은 면역학적 치료법으로 대처할 수 있을지 모른다.

여기서 어려운 점은 증상이 심각하지 않으면서 병독성 바이러스에 대한 항체 생성을 촉발할 수 있는 변종 바이러스를 찾아내야 한다는 것이었다. 천연두에 대해 우두가 맡은 역할과 닮은 변종 바이러스 말이다. 이러한 종류의 전략은 파스퇴르가 세균성 질환에 대처할 때 이미 쓴 바가 있다. 그때는 세균을 큰 어려움 없이 배양할 수 있었고 약독화한 변종의 생산 또한 쉬웠다.

그러나 바이러스는 불행하게도 산 세포에서만 살 수 있어 문제의 어려움을 가중시켰다. 그래서 남아프리카공화국의 타일러(Max Theiler, 1899-1951)는 1930년대에 황열바이러스를 먼저 원숭이에 옮기고 그 다음 마우스에 옮기는 수고를 거친 뒤에야 비로소 황열병에 대한 백신을 만들 수 있었다. 마우스에선 뇌의 염증인 뇌염 증상이 나타났다. 그는 바이러스를 마우스에서 마우스로 옮기고 다시 최종적으로 원숭이에 되돌렸다. 그렇게 해서 가장 약한 황열병 증세가 나타나면서 가장 강력한 병독성 변종에 대해서까지 충분한 면역 능력을 유도할 수 있는 약독화된 바이러스를 만들 수 있었다.

그러던 차에 코흐의 영양 배지에 대한 살아있는 대체

물이 미국의 의사 굿파스튜어(Ernest William Goodpasture, 1866-1960)에 의해 개발되었다. 1931년 그는 바이러스의 자양분으로 살아있는 닭의 배아를 쓰기 시작했다. 계란 껍질의 꼭대기를 제거하면 나머지 껍데기가 천연 페트리 디쉬(181페이지 참조)의 역할을 했다. 그렇게 하여 1937년 타일러에 의해 보다 안전한 황열병 백신이 만들어졌는데, 타일러는 무려 200회 가까이 바이러스를 닭배아에서 닭배아로 옮긴 끝에 비병독성 바이러스 변종의 선별에 성공할 수가 있었다.

새로운 면역학적 기술의 가장 눈부신 성과는 소아마비 치료일 것이다. 원인 바이러스는 그 질병을 최초로 원숭이에게 옮기는 데 성공한 란트슈타이너(224페이지 참조)에 의해 1908년 최초로 분리되었다. 그러나 원숭이는 비싸고 다루기 힘든 실험동물이므로 감염된 원숭이 떼 속에서 비병독성 변종을 만들 수는 없었다.

한편 미국의 미생물학자 엔더스(John Franklin Enders, 1897-1985)는 두 젊은 동료 웰러(Thomas Huckle Weller, 1915-2008), 라빈스(Frederick Chapman Robbins, 1916-2003)와 함께 1948년 닭 배아를 갈아 넣은 혈액 속에서 바이러

스 배양을 시도하였다. 이러한 시도는 이미 다른 사람들이 한 적이 있었지만 항상 실패로 끝이 났다. 바이러스가 증식을 했냐 안 했냐에 관계없이 배양액이 신속하게 증식하는 세균으로 가득 차버렸기 때문이다. 그러나 엔더스는 배양액 속에 갓 개발된 페니실린을 넣어줄 생각을 떠올렸다. 이는 바이러스에 영향을 주지 않은 채 세균의 성장만 중지시켰다. 이런 식으로 해서 그는 볼거리바이러스를 어렵사리 배양하는 데 성공할 수 있었다.

그는 다음으로 소아마비바이러스에 이 기술을 시도했고 1949년 다시 성공을 거둘 수 있었다. 이제 수많은 변종 중에서 적절한 형질을 가진 약독화된 것을 찾아내는 일이 어렵지 않을 만큼 바이러스를 대량으로 손쉽게 배양할 수 있게 된 것이다. 폴란드계 미국인 미생물학자 세이빈(Albert Bruce Sabin, 1906-1993)은 1957년 3종류의 소아마비 각각에 대해 약독화된 변종 바이러스를 찾아내어 병에 대한 성공적인 백신을 만들 수 있었다.

비슷한 방식으로 엔더스와 그의 동료 카츠(Samuel Lawrence Katz, 1927-)는 1960년대 초기에 홍역바이러스의 약독화된 변종 개발에 성공하여 어린이를 홍역의 위험으로부터 지켜내는 백신을 만들 수가 있었다.

앨러지

신체의 면역 메커니즘이 유익해 보이는 방식으로 항상 이용되는 것은 아니다. 신체는 온갖 외부 단백질에 대해 항체 생산 능력을 발달시킬 수 있는데 이에는 무해해 보이는 단백질도 포함된다. 일단 신체가 이런 식으로 '감작'(sensitized)되면 단백질과 접촉 반응을 일으켜 갖가지 괴로운 증상이 따를 수 있다. 예컨대 부어오른 비점막, 점액의 과다 생성, 기침, 재채기, 눈물, 허파 기관지의 수축(천식) 등이다. 이른바 몸에 '앨러지'(allergy)가 생기는 것이다. 아주 흔히 앨러지는 어떤 음식 성분에 대한 것인데, 식단에 조심하지 않으면 가려운 반점(두드러기)이 잔뜩 나게 된다. 아니면 식물 꽃가루에 반응하는 수도 있는데, 그러면 연중 어떤 시기에 이름이 잘못 붙은 '건초열'(hay fever)에 걸려 고생하게 된다.

항체는 타인의 단백질(충분히 색다르니까)에 의해서도 생성되므로, 각 개인(쌍둥이는 제외)은 화학적으로 딴 사람인 셈이다. 그러한 이유로 한 사람의 피부나 장기를 다른 사람에게 이식하려는 것은 실현 가능성이 없다. 현대의 기술로 감염을 예방한다고 해도 이식 받은 환자에게서 이식된 조직을 싸워 물리치는 데 필요한 항체가 생겨날 것이기 때문이다. 이는 수혈의 어려움과 유사하지만, 인체 조직은 혈액형과 달리 몇 가지 유형으로 나눌 수 없기 때문에 문제가 더 어렵다.

생물학자들이 신체의 일부를 한동안 살려둘 수 있게 되었으므로 이는 아쉬운 일이었다. 예를 들어 실험동물에서 심장을 적출하여 별 어려움 없이 한동안 박동하게 할 수 있었다. 그리고 1880년 영국의 의사 링거(Sydney Ringer, 1834-1910)는 혈액 속의 비율대로 여러 가지 무기염을 섞은 용액을 개발하는 데 성공했다. 이 용액은 적출한 장기를 꽤 오래 살아 있게 하는 인공 순환 용액으로 써먹을 수가 있었다.

적절한 이온 농도를 가진 영양액을 써서 장기를 살려두는 기술은 프랑스계 미국인 의사 카렐(Alexis Carrel, 1873-1944)에 의해 거의 완벽에 가까울 정도로 완성되었다. 그는 닭 배아의 심장 조각을 무려 20년이 넘도록 살려

키워냈다(비록 주기적으로 잘라줘야 했지만).

생명을 구하기 위해 장기 이식이 필요한 때 불리한 항체 반응이 일어나지 않는다고 한다면, 장기이식의 가능성은 한층 밝아질 것이다. 그렇다고는 해도 눈의 각막 같은 이식은 일상적으로 행해졌다. 반면에 신장 이식은 1960년대 들어 때로 간신히 성공하는 정도였다.

1949년 오스트레일리아의 의사 버닛(Frank Macfarlane Burnet, 1899-1985)은 생물의 항체 생성 능력이 타고나는 것이 아니라 오히려 생애에 걸쳐, 아마도 생애의 아주 초기에 발달하는 것이라고 주장했다. 영국의 생물학자 메더워(Peter Brian Medawar, 1915-1987)는 마우스 배아에 계통이 다른 마우스(최근의 공통 조상이 없는)의 조직 세포를 이식함으로써 이 주장을 시험해 보았다. 배아는 아직 항체 형성 능력을 획득하지 못했고 시간이 흘러 독립할 무렵이 되어서야 생성할 수 있다고 하면, 이식 받은 특정한 낯선 단백질은 이제 더 이상 낯설지 않게 될 것이다. 정말 그런 경우에 해당한다는 것이 밝혀졌다. 배아 때 이식을 받은 적이 있는 마우스는 성체가 되어 그 계통으로부터의 피부 이식을 받아들일 수가 있었다. 물론 사전 이식이 없었더라면 그런 일은 일어날 수가 없을 것이다.

1961년 이제까지 어떠한 기능도 밝혀지지 않았던 흉선이 항체 형성 능력의 근원임이 밝혀졌다. 흉선은 항체 생성 기능을 하는 림프구(백혈구의 일종)를 생산해 낸다. 출생 직후 흉선에서 생산된 림프구는 림프절을 거쳐 혈류 속으로 들어간다. 림프절은 계속 유지되지만 흉선은 사춘기가 되면 할 일을 마치고 줄어들고 오그라든 끝에 없어지고 만다. 장기이식에 미칠 이 새로운 발견의 영향이 앞으로 기대되는 바이다.

12장 물질대사

화학요법

세균성 질환 속으로 뛰어드는 일은 바이러스 질환 속으로 뛰어드는 것보다 여러 가지 점에서 보다 간단했다. 앞 장에서 설명했지만, 세균은 배양하기가 보다 용이하다. 게다가 세균은 보다 취약하다. 세포 바깥에서 살 때 이들은 음식을 다투거나 독성 물질을 방출함으로써 해를 끼칠 수 있다. 그러나 이들의 화학적 기계장치, 즉 대사는 적어도 몇 가지 점에서 숙주세포의 그것과 다르다. 따라서 숙주세포의 대사에 심각한 악영향을 끼치는 일 없이 그들의 대사를 방해할 기회는 항시 존재한다.

질병에 화학적 치료를 시도한 일은 유사 이전으로 거슬러 올라갈 것이다. 경험적으로 수 세대를 전해 온 약초나 조제약이 듣는 경우가 적지 않았다. 말라리아 기생생물에 대한 키니네 사용이 민간요법으로 시작해서 나중에 의약계가 받아들인 화학물질의 대표적인 사례일 것이다.

자연에 존재하지 않는 유기물질을 합성하는 시대의 도래와 더불어 그러한 특효약이 보다 많이 발견될, 모든 질환에 각각의 특정한 화학요법이 있을 가능성이 생겨났다. 이러한 견해를 가졌던 위대한 선구자는 에를리히(221페이지 참조)였다. 그는 세균을 찾아낸 뒤 신체 세포에는 해를 끼치지 않고 세균만 죽이는, 그 같은 화학요법에 대해 '마법의 탄환'(magic bullet)이란 표현을 썼다.

그는 세균을 염색하는 염료에 대해 연구 중이었다. 이들 염료는 세균 세포의 일부 구성 성분과 특이적으로 결합하기 때문에 세균 세포의 작업 메커니즘에 해를 끼칠 수도 있었다. 그는 보통 세포에 너무 심하게 해를 끼치는 일 없이 그렇게 하는 것을 찾아내고자 했다. 정말 그는 한 가지 염료, 수면병을 유발하는 트리파노소마(세균이 아닌 원생동물이지만 원리는 동일한)의 파괴를 돕는 '트리판 레드'(trypan red)를 찾아냈다.

에를리히는 계속해서 보다 나은 것을 찾고자 했다. 그는 트리판 레드의 작용이 그것에 들어 있는 질소 원자의 조합에 의해 일어난다고 생각했다. 비소 원자는 화학적 성질 면에서 질소 원자와 비슷하지만 일반적으로 더 많은 독성을 화합물에 부여한다. 에를리히는 그래서 비소 화합물의 세계 속으로 빠져들었다. 그는 비소가 들어있는 모든 유기물질을 구하거나 합성해서 수백 가지를 하나하나 검사하기 시작했다.

1909년 그의 조수 중 한 명이 트리파노소마에 시험해 보았을 때는 효과가 시원찮았던, 606번의 번호가 붙은 화학물질이 매독의 원인균에는 아주 효과적임을 발견했다. 에를리히는 그 화학물질에 '살바르산'(요즘 더 흔히 쓰게 된 이름은 아르페나민이지만)이란 이름을 붙였고, 남은 여생은 그것을 써서 매독을 치료하는 기술을 개선하는 데 보냈다.

트리판 레드와 살바르산은 근대 '화학요법'(화학물질

에 의한 질병의 치료, 에를리히가 등록한 용어)의 개막을 알리는 신호였다. 한동안 다른 질병들도 유사한 방식으로 치료할 수 있으리라는 기대가 컸다. 그러나 불행하게도 아르스페나민 발견 이후 25년 동안 엄청난 가짓수의 유기물질들을 검사해 보았으나 더 이상 아무것도 나오지 않았다.

그러다가 행운이 다시 한 번 찾아왔다. 독일의 생화학자이자 의사인 도마크(Gerhard Domagk, 1895-1964)는 색소 가운데 의학적인 응용 가치가 있는 것을 찾고자 염료회사에서 새로운 염료에 대한 체계적인 조사를 시작했다. 그렇게 해서 새로이 합성된 등적색 화합물의 상품명은 '프론토실'이었다. 1932년 도마크는 색소를 쥐에 주사하면 포도상구균의 감염에 강력한 효과가 있음을 발견했다.

사람에게 이를 시험해 볼 기회가 그에게 빨리 찾아왔다. 그의 어린 딸이 바늘에 찔려 포도상구균에 감염된 것이다. 어떠한 치료도 듣지 않아 절망에 빠진 도마크는 다량의 프론토실을 주사하게 되었다. 딸은 극적으로 회복했고 1935년에는 전 세계가 신약의 존재에 대해 알게 되었다.

그렇게 오래 걸리지 않아 일단의 프랑스 세균학자들

이 프론토실 분자의 전부가 항균 효과에 필요한 게 아님을 알아냈다. '설파닐아미드'(화학자들에겐 1908년부터 알려져 있던)라는, 단지 일부가 효과의 본질이었다. 설파닐아미드 및 관련 '설파' 화합물의 사용으로 '특효약'의 시대가 열렸다. 많은 감염 질환, 특히 몇 가지 종류의 폐렴에 대한 두려움이 갑자기 사라지게 되었다.

항생제와 살충제

그럼에도 불구하고 '화학요법'(chemotherapy)의 가장 큰 성공은 아르스페나민과 설파닐아미드 같은 합성 화학물이 아니라 천연물에 있었다. 프랑스계 미국인 듀보(Rene Jules Dubos, 1901-1982)는 토양 미생물에 관심이 많았다. 토양은 있을 수 있는 온갖 질병을 가진 동물 사체를 받아들이는 셈인데, 그래도 드문 경우를 제외하고는 감염의 저장고가 아니었다. 분명 토양 속에는 항균성인 어떤 물질이 있음에 틀림없었다. 그러한 물질은 나중에 '생명에 대항한다'는 뜻의 '항생제'(antibiotics)로 불리게 되었다.

1939년 듀보는 토양미생물로부터 최초의 항생제인

'티로트리신'을 분리해냈다. 항생제로서의 효과는 좋지 않았지만 스코틀랜드의 세균학자 플레밍(Alexander Fleming, 1881-1955)이 십 년 전에 한 발견의 흥미를 되살리기에는 충분했다.

1928년 플레밍은 배양 중이던 포도상구균을 수 일 간 덮개 없이 방치하였다. 그는 그것을 마무리 지으려 배양균이 든 페트리디쉬를 버리려던 참에 일부 곰팡이가 그 안에 떨어져 반점이 생긴 것을 발견했다. 그리고 반점 주위 마다 조금의 거리를 두고 세균 콜로니가 녹아있는 것에 주목하게 되었다.

플레밍은 곰팡이를 분리해내 마침내 그것이 상한 빵 위에 흔히 자라는 종류의 근연종인 페니실리움 노타툼(*Penicillium notatum*)임을 동정하였다. 플레밍은 곰팡이가 세균의 성장을 방해하는 어떤 화합물을 방출했을 것이라고 단정했다. 그는 그것이 무엇이든 관계없이 그 물질을 '페니실린'(Penicillin)이라고 명명하였다. 그는 그것이 일부 세균에는 영향을 미치나 다른 세균에는 아니고, 백혈구에 무해하므로 인체의 다른 세포에도 무해할 것임을 보여주는 정도로까지 연구를 진행했다. 그리고 거기서 그는 자신의 노력을 멈춰야 했다.

그러나 1939년 듀보의 연구 덕분으로 항생제(페니실린이 명백히 하나의 보기인)에 대한 관심이 높아졌다. 게다가 제2차 세계대전이 발발하여 감염된 상처를 치료할 수 있는 방법이라면 뭐든 환영인 분위기였다. 오스트레일리아계 영국인 병리학자 플로리(Howard Walter Florey, 1898-1968)는 독일계 영국인 생화학자 체인(Ernst Boris Chain, 1906-1979)과 함께 페니실린을 분리해내 그 구조를 결정하고 대량으로 생산해내는 문제와 씨름하였다. 전쟁이 끝날 무렵 그들은 대규모의 영미 합동 연구팀을 이끌게 되었고 눈부신 성공도 거둘 수 있었다. 페니실린은 감염을 막는 의사의 대표적인 수단이 되었고 지금도 그렇다.

전후에도 다른 항생제를 찾으려는 노력이 이어진 결과, 발견되기도 했다. 러시아계 미국인 세균학자 왁스만(Selman Abraham Waksman, 1888-1973)은 에를리히가 합성물질을 대상으로 그랬던 것처럼 토양미생물을 대상으로 하나씩 철저한 조사를 시작했다. 마침내 1943년 그는 페니실린이 듣지 않았던 많은 세균에 듣는 항생제를 분리해냈다. 그것은 1945년 '스트렙토마이신'이란 이름으로 시장에 유통되었다. (여담이지만 '항생제'란 말을 등록한 이도 왁스만이다.)

1950년대 초에 '광범위 항생제'(광범위한 종류의 세균에 듣는)가 발견되었다. 이들은 '아크로마이신'과 '오레오마이신' 등의 상품명으로 대중에게 널리 알려져 있는 '테트라사이클린계'이다.

항생제의 발견에 힘입어 세균성 질환은 한 세대 전만 해도 지나치게 낙관적이라 여겼을 정도로까지 통제 가능한 수준이 되었다. 그럼에도 불구하고 장래가 장밋빛만은 아니다. 자연선택은 항생제에 대해 자연 내성을 가진 세균 변종을 골라낼 것이다. 따라서 시간이 지나면 특정 항생제가 덜 듣게 될 것이다. 모든 것을 잃지 않으려면 새로운 항생제를 분명 찾아내야 할 것이다. 그럼에도 불구하고 모두를 이겨낼 수는 없을 것이고 또 그런 일은 결코 일어나지도 않을 것이다.

일반적으로 각종 화학요법제는 바이러스에 듣지 않는다. 이들은 살아 있는 세포 안에서 증식하므로 화학적인 공격으로 세포 자체가 죽을 때만 죽임을 당할 수 있다. 그러므로 화학물질이 바이러스 그 자체가 아니라 바이러스를 나르는 다세포생물을 죽이는, 보다 간접적인 공격이 성공을 거둘 수 있을지 모른다.

예를 들어 발진티푸스 바이러스는 자유생활형인 모기에 비해 훨씬 제거하기 어려운 생물인 (안 씻고 헌옷을 입는 사람의 몸에 딱 달라붙어 있기 때문에), 몸의 이가 나른다. 황열병과 말라리아는 모기 조절을 통해 다룰 수 있게 되었다. 그러나 발진티푸스는 제1차 세계대전 동안 러시아와 발칸 반도에서 여전히 위험한 질병으로 남아 가끔 양측 모두에서 적의 대포보다 치명적이었다.

그러다가 1935년 스위스의 화학자 뮐러(Paul Müller, 1899-1965)가 다른 동물에 심각한 해를 끼치지 않고 곤충을 죽일 수 있는 유기물질을 찾아내는 연구 프로그램을 시작했다. 1939년 9월 드디어 그는 '다이클로로 다이페닐 트라이클로로에테인'으로 소기의 목적을 달성했다. (1873년에 처음으로 합성되었고 보통 줄여서 'DDT'라 한다.)

1942년 DDT의 생산 시판이 시작되었고 1943년에는 영미연합군의 점령 직후 나폴리에서 발생한 발진티푸스 전염병에 사용되었다. 전 주민에게 DDT를 분무했고, 몸의 이가 죽었고, 유사 이래 처음으로 겨울 전염병이던 발진티푸스가 즉각 멈췄다. 미군이 점령한 일본에서도 1945년 연말 유사한 전염병이 멈췄다.

제2차 세계대전 이후 DDT와 기타 유기 살충제는 질병을 예방하기 위해서뿐만 아니라 인간의 식량 피해를 줄이려는 목적에도 사용되었다. 잡초를 죽이는 약제가 개발되었는데 이들은 곤충을 죽이는 약제와 함께 '살충제'(pesticide)라는 표제 밑에 한데 묶을 수도 있을 것이다.

여기서도 다시 곤충 중에 저항성 변종이 생길 수 있으므로 특정 살충제의 효력은 시간이 지남에 따라 떨어질 수 있다. 게다가 많은 사람들은 무분별한 살충제 사용으로 인간에게 해롭지 않은 많은 종류의 생물이 쓸데 없이 죽고 결국 이익보다 손해가 훨씬 많은 식으로 자연의 균형이 교란될까봐 걱정한다.

이는 중대한 문제일 것이다. 생물 간의 관계에 대한 연구인 **생태학(ecology)**은 어렵고 또 복잡한 것이며 현재로선 알아야 할 것이 너무 많은 형편이다. 인류는 단기간의 이익을 노려 끊임없이 환경을 바꾸고 있다. 그러나 우리는 생명의 그물망 속에 생겨난 교란이 비록 겉보기에 안 중요한 것 같은 경우라 해도, 장기간 해롭지 않을 것임을 전적으로 확신할 수는 없다.

대사 중간체

곤충, 잡초, 미생물 등에 대한 화학요법제의 효과는 대사 패턴을 방해, 달리 말해 생물의 화학적 기계 장치를 고의 방해, 즉 사보타주하는 식이었다. 그러한 물질을 찾고자 하는 노력은 대사에 대한 지식이 구석구석 미침에 따라 점점 당연해졌다.

이 분야에선 영국의 생화학자 하든(Arthur Harden, 1865-1940)이 앞장을 섰다. 그는 효모 추출물(부흐너가 효모 세포만큼이나 당 분해에 효과가 있음을 보여준 그 추출물, 167페이지 참조)의 효소에 관심을 가졌다. 1905년 하든은 추출물 시료가 처음에는 아주 신속하게 당을 분해하고 이산화탄소를 생성하나 시간이 지남에 따라 활동 속도가 떨어짐에 주목했다. 이는 추출물 속의 효소가 차츰 닳아 없어진 것이 이유인 것 같아 보이지만 실은 그렇지 않다는 것을 하든은 보여주었다. 그가 용액에 소량의 인산나트륨(일종의 단순한 무기 화합물)을 첨가했을 때 효소는 이전처럼 다시 열심히 일하게 되었다.

효소 반응이 진행됨에 따라 무기 인산의 농도가 감소했기 때문에 하든은 무기 인산으로부터 형성되는 유기 인산을 찾은 끝에 두 개의 인산기가 붙은 당 분자가 바로 그것임을 알아냈다. 이것이 생체 조직에서 일어나는 화학 반응에서 중간물질(때로 수명이 아주 짧은)로 형성되는 화합물에 대한 조사인 '중간 대사' 연구의 시작이었다.

연구의 주류 중 일부를 그려볼 수 있을 것이다. 독일의 생화학자 마이어호프(Otto Fritz Meyerhof, 1884-1951)는 1918년과 그 이후에 걸쳐 근육 수축 과정에서 글리코겐(녹말의 한 형태)이 사라지는 대신 해당하는 양만큼 젖산이 나타남을 관찰했다. 그 과정에서 산소는 소비되지 않았다. 즉, 에너지를 산소 없이 얻었다. 그런 다음 일이 끝나 근육이 쉴 때 젖산의 일부가 산화되었다. '산소 부채'를 갚기 위해 그때서야 산소가 소비된 것이다. 그렇게 해서 생긴 에너지는 젖산의 대부분이 글리코겐으로 재전환되는 것을 가능하게 해 줄 것이다. 영국의 생리학자 힐(Archibald Vivian Hill, 1886-1977)도 근육 수축 시 발생하는 열을 정밀하게 측정하여 비슷한 시기에 동일한 결론에 도달했다.

해당작용(glycolysis)[역주) 16]은 체코계 미국인 생화학자 칼 코리(Carl Ferdinand Cori, 1896-1984)와 그의 아내 거티 코리(Gerty Theresa Cori, 1896-1957)에 의해 1930년대에 밝혀졌다. 그들은 근육조직에서 그때껏 알려지지 않았던 화합물인 글루코스-1-인산염(코리 에스테르)을 분리해냈고 그것이 글리코겐의 첫 분해산물임을 보여줬다. 고생해 가며 이들은 일련의 변화 과정에서 글루코스-1-인산염을 추적했고 각각의 중간산물을 분해 사슬에 끼워 넣었다. 중간산물 중 하나는 한 세대 전에 하든이 처음으로 검출했던 그 당인산인 것으로 판명 났다.

하든과 코리가 중간산물을 찾으려다가 인산이 든 유기화합물을 우연히 발견했다는 사실이 중요하다. 20세기의 앞 3분의 1을 통해 인산기가 생화학 메커니즘에서 중요한 역할을 맡고 있음이 잇달아 발견되었기 때문이다. 독일계 미국의 생화학자 리프만(Fritz Albert Lipmann, 1899-1986)은 인산기가 낮은 에너지와 높은 에너지의 두 가지 배열 중 어느 한 쪽으로 분자 내에서 존재할 수 있기 때문

역주) 16 포도당(glucose)이 젖산으로 분해되는 과정

에 그렇다고 설명하였다. 녹말이나 지방 분자가 분해될 때 방출되는 에너지는 저에너지의 인산화합물을 고에너지의 인산화합물로 전환하는 데 쓰인다. 이런 식으로 에너지는 편리한 화학적인 형태로 저장된다. 한 개의 고에너지 인산화합물이 분해되며 내놓는 에너지는 체내의 여

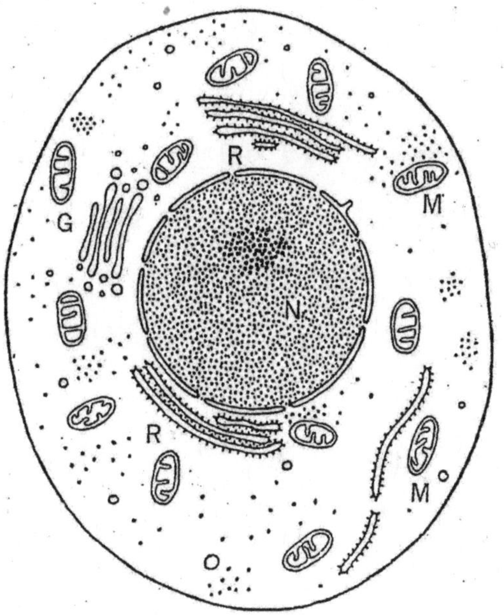

그림 5. 전자현미경을 통해 본 세포의 일반적인 구조. N은 핵, 그 속의 더 짙은 색은 인, M은 미토콘드리아, G는 골지체, R은 입자로 덮힌 막으로 된 망상체인 소포체이다. 소포체 위 및 기타 세포 내 점들은 리보솜으로 알려진 단백질 합성 중심을 의미한다.

러 가지 에너지를 소비하는 화학적 변화를 일으키기에 충분한 양이다.

그러던 중 독일의 생화학자 바르부르크(Otto Heinrich Warburg, 1883-1970)가 개발한 새로운 기술에 의해 젖산을 넘어서는, 산소를 필요로 하는 글리코겐의 분해 단계에 대한 연구가 가능해졌다. 1923년 그는 얇은 조직 절편을 만드는 방법(여전히 살아서 산소를 흡수하는)을 고안해낸 뒤 산소 소비량을 측정하게 되었다. 그는 작은 플라스크가 붙은, 가늘고 긴 U자형 시험관을 썼다. 시험관의 바닥에는 색이 있는 용액이 들어 있었다. 조직이 생산한 이산화탄소는 플라스크 속 염기성 용액이 든 작은 웅덩이에 흡수되었다. 산소가 공기 중에서 이산화탄소로 대체되는 일 없이 흡수됨에 따라 플라스크 안은 부분적으로 진공 상태가 될 것이고 그러면 U자형 시험관 속의 액체가 플라스크 쪽으로 빨려 올라갈 것이다. 그러므로 그 시험관은 조심스레 제어된 조건하에서 측정된 유체의 높이 변화 속도로부터 산소의 소비 속도를 구할 수 있는 장치였다.

그러자 이러한 소비 속도에 미치는 각종 화합물의 영향을 조사할 수 있게 되었다. 속도가 떨어진 후 어떤 특정 화합물이 속도를 회복해 준다면, 그 화합물은 산소 소비와 관계있는 일련의 반응에서 중간산물인 것으로 간주할 수 있을 것이다. 헝가리의 생화학자 센트죄르지(Albert Szent-Györgyi, 1893-1986)와 독일계 영국인 생화학자 크렙스(Hans Adolf Krebs, 1900-1981) 두 사람이 이 분야에서 유명했다. 크렙스는 1940년까지 젖산이 이산화탄소와 물로 변환되는 과정의 주요 단계들을 모두 밝혀냈고 그 결과 이 반응 순서를 흔히 '크렙스 회로'(Krebs cycle)라 부르게 되었다. 일찍이 1930년대에 크렙스는 단백질의 빌딩 블록인 아미노산으로부터 노폐물인 요소가 형성되는 주요 단계를 밝혀낸 바 있다. 이에 의해 질소가 제거되고 그러면 아미노산 분자의 나머지는 거의 반세기 전에 루브너가 지적한 대로(155페이지 참조) 분해되어서 에너지를 낼 수 있다.

이러한 세포의 내부 화학에 대한 지식이 늘어나는 것과 보조를 맞춰 세포의 미세 구조에 대한 지식이 늘어나게 되었다. 그러한 목적을 위한 새로운 기술이 개발되었다. 1930년대 초에 최초의 '전자현미경'이 만들어졌다. 이는 빛이 아니라 전자빔을 써서 초점을 맞춤으로써 확대가 일어난다. 그 결과 보통의 현미경보다 훨씬 큰 배율을 얻을 수 있게 되었다. 러시아계 미국인 물리학자 즈보리킨(Vladmir Kosma Zworykin, 1889-1982)은 세포학에서 쓸모 있는 도구가 되도록 기구를 고치고 다듬었다. 아주 큰 분자만 한 입자까지 판독해낼 수 있게 되자 세포의 원형질이 '세포 소기관'(organella) 또는 '미립 물질'이라고 부르는, 작지만 고도로 조직화된 구조물의 복합체임을 알게 되었다. 게다가 어리둥절할 정도로 복잡한 정도로 말이다.

1940년대에는 세포를 갈아서 각종 세포 소기관을 크기별로 분리하는 기술이 개발되었다. 보다 크고 손쉽게 연구할 수 있는 것 중에 '미토콘드리아'(mitochondria)가 있다. 전형적인 간세포에는 약 2내지 5마이크로미터 길이에, 작대기 모양을 한 미토콘드리아가 천 개 가까이나 있다. 이들에 대해 미국의 생화학자 그린(David Ezra Green, 1910-1983)과 그 동료들이 특히 상세히 연구하여 그곳이 크렙스 회로의 반응들이 일어나는 곳임을 밝혔다. 정말이지 산소 분자의 이용과 관계있는 모든 반응은 거기서 일어나는데, 효소가 미토콘드리아 내에 적절하게 위치하여 여러 가지 반응을 촉매하기 때문이다. 따라서 그 작은 세포 소기관은 '세포의 발전소'임이 판명되었다.

방사성 동위원소

대사 반응의 정교한 사슬을 밝혀내는 방법은 '동위원소'(isotope)라고 부르는 특별한 종류의 원자에 힘입은 바 컸다. 20세기의 앞 3분의 1 동안 물리학자들은 대부분의 원소에 몇 개의 그러한 종류가 있음을 발견했다. 신체는 그것들을 엄청날 정도로 구별해내지 못하지만 그렇게 할 수 있는 실험실 장치가 개발되었다.

독일계 미국인 생화학자 쇤하이머(Rudolf Schoenheimer, 1898-1941)가 생화학 연구에 대규모로 동위원소를 쓴 최초의 과학자였다. 1935년 수소의 드문 동위원소로, 보통의 수소보다 두 배나 무거운 수소-2를 적절한 양으로 구할 수 있었다. 쇤하이머는 그것을 써서 보통의 수소-1 대신 드문 수소-2(무거운 수소, 즉 중수소)가 들어간 지방 분자를 합성해냈다. 이들을 실험동물의 식단 속에 끼워 넣었는데 물론 그 동물의 조직은 보통의 지방처럼 중수소 지방을 다룰 것이다. 동물 체지방의 중수소 함량을 분석한 바, 대사에 대한 놀랍고도 새로운 실마리를 얻을 수 있었다.

그 당시만 해도 생물의 저장된 지방은 일반적으로 움직이지 않는 것이며 기아 때만 동원되는 것이란 믿음을 갖고 있었다. 그러나 쉰하이머가 쥐에게 수소-2 지방을 먹인 뒤 저장 지방을 분석하자 4일째에 저장 지방의 거의 반에 그 동물에 먹인 수소-2가 들어있음을 알게 되었다. 달리 말하면 섭취한 지방이 저장되고 저장된 지방이 이용된 것이었다. 신속한 '대사회전'(turnover)이 일어났으며 신체의 구성 성분은 끊임없는 변화를 겪고 있었다.

쉰하이머는 이어서 질소-15(중질소)를 써서 아미노산에 표지(標識)를 하기 시작했다. 그는 쥐에게 아미노산 혼합물을 먹였는데, 그 중 한 아미노산에만 표지를 한 것이었다. 시간이 지나자 다른 모든 종류의 아미노산에서 표지를 발견할 수 있었다. 여기서도 마찬가지로 끊임없는 작용이 있었다. 전반적인 변화가 작아 보이는 상황에서도 분자들은 신속하게 모양이며 자리를 바꾸고 있었다.

이론적으로는 동위원소가 나타나는 차례대로 각종 화합물을 검출함으로써 반응의 정확한 순서를 추적할 수 있을 것 같았다. 실제로 이는 방사성 동위원소로 가장 손쉽게 할 수 있는 일이었다. 방사성 동위원소란 무게에서뿐만 아니라 분해되면서 활발하게 빨리 움직이는 입자를 내놓는다는 점에서도 특이한 원자 종류이다. 이들 입자는 검출이 용이해서 극소량의 방사성 동위원소만으로도 실험이 충분하다. 제2차 세계대전 후부터는 원자로를 이용해 대량으로 방사성 동위원소를 만들 수 있게 되었다. 게다가 탄소의 방사성 동위원소 '탄소-14'가 특히 유용하였다.

방사성 동위원소를 이용해 미국의 생화학자 캘빈(Melvin Calvin, 1911-97)은 광합성에 관련된 많은 화학반응들의 순서를 아주 상세하게 밝혀낼 수 있었다. 녹색 식물이 햇빛 에너지를 화학 에너지로 변환해 동물계에 음식과 산소를 제공하는 그 방법 말이다.

캘빈은 미세한 식물 세포를 빛 존재하에서 이산화탄소에 수 초 동안만 노출되도록 놔둔 뒤 세포를 죽였다. 아마 광합성 연쇄반응의 겨우 첫 단계만이 완료될 기회를 얻었을지 모른다. 세포를 으깬 뒤 다음 장에서 설명할 페이퍼 크로마토그래피라는 기술을 써서 구성성분별로 분리했다. 그러나 이들 성분 중 어떤 것이 광합성의 최초 단계를 나타낼 것이며, 어떤 것들이 다른 이유로 존재하는 것들이겠는가?

캘빈은 식물세포를 방사성 탄소-14가 들어있는 이산화탄소에 노출시켰기 때문에 답할 수가 있었다. 광합성에 의해 그 이산화탄소로부터 형성된 어떠한 물질도 방사성일 테니 쉽게 검출할 수 있었다. 이것이 출발점으로 작용해 1950년대에 일련의 연구가 행해졌고, 그 결과 광합성의 주요 단계에 대한 쓸 만한 밑그림을 내놓을 수 있게 되었다.

13장 분자생물학: 단백질

효소와 조효소

19세기 중엽을 지나며 대사 패턴에 대해 점점 더 상세하게 그릴 수 있게 됨에 따라 생물학자들은 대사 패턴이란 곧 그 세포의 효소 조성에 대한 표현임을 알게 되었다. 각 대사 반응은 특정 효소가 촉매하므로, 패턴의 성질은 효소의 농도와 성질에 의해 결정될 것이다. 따라서 대사를 이해하기 위해서는 먼저 효소를 이해하는 것이 바람직할 것이다.

19세기에 중간 대사의 문제를 풀기 시작했던 하든(250 페이지 참조)이 효소의 새로운 분야도 개척하였다. 1904년 그는 효모 추출물을 반투과성 막(작은 분자는 빠져나가지만 큰 분자는 아닌)으로 된 주머니 속에 넣고 다시 그것을 물 속에 두었다. 추출물 속의 작은 분자들이 빠져나가게 되자 이윽고 효모 추출물은 더 이상 당을 분해하지 못 하게 되었다.

이는 효소가 빠져나가버려 그런 것이 아니었다. 주머니 바깥의 물도 당을 분해하지 못했다. 그러나 바깥의 물에 안 쪽의 추출물을 더해 주면 그 혼합물은 당을 분해할 수가 있었다. 결론은 효소(큰 분자여서 막을 빠져나갈 수 없는)에 느슨하게 붙어 있어서 떨어져 나갈 수 있고 막을 통과할 수 있는, 효소 구조의 일부이자 기능에 필수적인 작은 분자가 있다는 것이었다. 이 작은, 느슨하게 결합하는 부분을 '조효소'(coenzyme)라 부르게 되었다.

하든의 조효소가 갖는 구조는 1920년대에 독일계 스웨덴 화학자 오일러켈핀(Hans Karl von Euler-Chelpin, 1873-1964)에 의해 밝혀졌다. 조효소 부분을 갖고 있는 다른 효소들이 속속 발견되었고, 그들 중 많은 것들의 구조가 1930년대에 밝혀졌다. 바이타민의 분자 구조 또한 그 시기에 밝혀졌기 때문에 많은 조효소 분자의 일부가 바이타민과 비슷한 구조로 되어 있음도 쉽게 알게 되었다.

그러자 이제 바이타민은 조효소의 일부로서 필요하지만 신체가 자신의 힘으로 만들어낼 수 없기에 음식을 통해 섭취해야만 함이 분명해졌다. 바이타민이 없으면 조효소를 만들 수 없고 조효소가 없으면 어떤 효소가 효과적이지 못하게 되어 대사 패턴이 엉망이 되고 말 것이다. 결국 바이타민 결핍증이란 병이 될 것이고 심하면 죽게 될 것이다.

효소는 신체가 소량으로만 필요로 하는 촉매이기 때문에 조효소는 (바이타민 역시) 소량으로만 필요하다. 이는 미량으로만 존재하는 음식 성분이 왜 생명에 필수불가결한지를 설명해 준다. 구리, 코발트, 몰리브덴, 아연 등과 같이 미량으로 필요한 미네랄 또한 효소 구조의 필수적인 부분을 차지한다는 것을 쉽게 알 수 있었다. 그런 종류의 원자를 하나 이상 갖는 효소들이 금세 분리되었다.

그런데 효소 그 자체는 어떻게 되었을까? 19세기를 통틀어 효소는 효과를 통해서만 그 존재를 알 수 있는 신비한 것이었다. 독일계 미국인 화학자 미카엘리스(Leonor Michaelis, 1875-1949)가 물리 및 화학의 원리에 맞춰 효소를 다룸으로써 효소를 현실 세계로 끌어냈다. 그는 화학반응의 속도를 다루는 물리화학의 한 분야인 '반응속도론'(kinetics)을 효소에 적용했다. 드디어 1913년 어떤 주어진 조건 하에서 효소가 촉매하는 반응의 속도를 설명하는 방정식을 유도해낼 수 있었다. 이 방정식을 유도하는 과정에서 그는 반응의 기질과 효소가 결합하는 중간체의 존재를 가정했다. 그런 식으로 다룸으로써 효소 또한 다른 분자들이 따르는 물리 및 화학의 법칙을 따르는 분자임을 강조하였다.

그렇다면 효소의 분자 종류는 어떤가? 가볍게 가열해도 효소 용액의 활성이 쉽게 상실되고 단백질 분자만이 열에 그렇게 취약하다는 것이 알려져 있었기 때문에, 효소를 처음부터 단백질로 생각한 과학자가 많았다. 그러나 이는 생각으로만 그쳤을 뿐 증명이 되지 않았다. 그러다가 1920년대에 독일의 화학자 빌슈테터(Richard Wilstätter, 1872-1942)가 효소는 단백질이 아니라고 믿을 만한 이

유를 들고 나왔다. 그의 논리 전개는 결국 틀린 것으로 밝혀졌지만, 그의 대단한 위신은 그럼에도 한동안 그의 의견에 무게를 실어주기에 충분했다.

1926년 효소가 단백질일 가능성이 다시 한 번 미국의 생화학자 섬너(James Batchellor Sumner, 1887-1955)에 의해 제기되었다. 그 해에 섬너는 잭콩(jack bean)의 효소 내용물을 추출 중이었는데, 들어있던 효소는 요소가 암모니아와 이산화탄소로 분해되는 것을 촉매하는 '유레이스'(urase)였다.

추출을 행하는 과정에서 섬너는 어떤 시점에 작은 결정들이 많이 생기는 것을 발견하였다. 결정을 따로 모아 녹이자 용액 속에 유레이스의 활성이 농축됨을 발견했다. 애를 써보긴 했지만 결정으로부터 효소의 활성을 따로 분리해낼 수는 없었다. 결정은 효소였고, 검사를 더 해봐도 결정이 또한 단백질이란 사실에 부합할 따름이었다. 요컨대 유레이스는 결정 형태로 얻어진 최초의 단백질이었으며, 동시에 단백질임이 밝혀진 최초의 효소였다.

그런 규칙이 일반적인 것이 아닐 수도 있다는 의심이 들어 좀 더 확인이 필요하던 차에, 미국의 생화학자 노스럽(John Howard Northrop, 1891-1987)의 연구가 사태에 끝장을 냈다. 1930년 그는 위액 속의 단백질 분해 효소인 펩신의 결정화에 성공했다. 그리고 1932년에는 췌액 속의 단백질 분해 효소인 트립신을, 1935년에는 마찬가지인 카이모트립신을 결정화했다. 이들 모두도 단백질임이 판명되었다. 그 이후로 수십 종류의 효소가 더 결정화되었고 모두가 단백질임이 판명되었다.

그리하여 1930년대 중반 이후부터 효소 문제가 일반적인 단백질 문제로 다뤄지게 되었다.

전기영동과 X-선 회절

20세기 전반 화학 및 물리 분야에서 새로운 도구가 개발됨에 따라 생화학자는 생명의 본질인 것처럼 보인 거대 단백질 분자를 점점 더 세밀하게 조사할 수 있게 되었다. 사실 물리, 화학, 생물을 합쳐서 새롭게 떠오른 과학 분야는 생명의 거대 분자에 대한 구조 분석 및 상세한 기능 분석을 연구 주제로 삼고 있었다. 분자생물학으로 명명된 이 새로운 분야는 제2차 세계대전 후 특히 중요해졌으며, (정말로 그 업적이 눈부셨다) 생물학의 나머지 분야가 그 바람에 무색해질 정도였다.

1923년 스웨덴의 화학자 스베드베리(Theodor Svedberg, 1884-1971)가 단백질 분자의 크기를 측정할 수 있는 유력한 방법을 개발했다. 이는 보통의 중력보다 수십만 배 세기의 원심력을 내는 회전 용기인 '초원심분리기'(ultra-centrifuge)였다. 상온에서 물 분자의 열 운동은 거대 단백질 분자를 보통의 중력이 당기는 힘에 대항하여 고른 현탁액(suspension)으로 유지하기에 충분하지만 그와 같은 원심력에 대항해서는 그렇지 않다. 회전 중인 초원심분리기에서 단백질 분자는 가라앉기, 즉 '침강'(sedimentation)하기 시작한다. 침강 속도로부터 단백질 분자의 분자량을 측정할 수 있다. 혈액의 붉은 색을 띠게 하는 물질인 헤모글로빈과 같은 평균 크기의 단백질은 분자량이 67,000이다. 분자량이 고작 18인 물 분자의 3,700배 크기이다. 훨씬 더 큰 다른 단백질 중에는 분자량이 수십만인 것도 있다.

단백질 분자의 크기와 복잡성은 분자의 표면 위에 전하를 띠는 원자 그룹이 존재할 여지가 있다는 것을 의미한다. 각 단백질은 그 분자 표면 위에 양전하 및 음전하의 독특한 패턴을 갖는다. 이 패턴은 어떤 다른 단백질의 그것과도 다른데, 주위 액체의 산성도 변화에 따라 정해진 식으로 변화할 수 있는 것이기도 하다.

단백질 용액을 전기장 속에 두게 되면 각각의 단백질 분자는 양극이나 음극을 향해 그 분자의 전하, 크기, 모양, 기타 패턴에 따라 정해지는 일정한 속도로 이동한다. 어떠한 두 종류의 단백질이 모든 조건하에서 정확하게 동일한 속도로 이동하는 일은 일어나지 않을 것이다.

1937년 스웨덴의 화학자 티셀리우스(Arne Wilhelm Kaurin Tiselius, 1902-1971)는, 스베드베리의 제자였는데, 이를 이용하는 장치의 개발에 성공했다. 이는 직각 U자처럼 배열된 특수한 관으로 되어 있어 그 안에서 단백질의 혼합물이 전기장에 반응하여 이동할 수 있었다. 그와 같은 이동을 '전기영동'(electrophoresis)이라 부르는데, 혼합물 속의 각 성분은 저마다의 속도로 이동하므로 차츰 분리가 일어나게 된다. 직각 U자관은 특수하게 갈아 맞춘 연결부위를 통해 잘 맞는 부분들로 되어 있었는데 부분들 사이를 띄우는 것도 가능했다. 물질들이 서로 이동한 끝에 단백질 혼합물 중 하나가 어느 한 방에 있게 되면 나머지 단백질들과 분리될 수 있는 식이었다.

나아가 원주형의 적절한 렌즈를 써서 분리 과정을 추적할 수도 있었는데, 단백질 농도가 바뀌면 현탁액을 통과할 때 빛이 굴절되는 방식에 변화가 생기는 것을 이용한 것이었다. 굴절률 변화는 파동 같은 패턴으로 사진을 찍을 수 있었고, 이는 혼합물 속에 존재하는 각종 단백질의 양을 계산하는 데 써먹을 수 있었다.

특히 혈장 속의 단백질에 대한 전기영동과 연구가 많이 행해졌다. 이들은 알부민이 들어 있는 것과 그리스 문자 알파(α), 베타(β), 감마(γ)로 구분한 3개의 글로불린 그룹 등 많은 분획으로 분리되었다. 감마글로불린 분획에는 항체가 들어있다는 것이 밝혀졌다. 1940년대가 되자 상이한 단백질의 분획을 대량으로 얻는 기술이 개발되었다.

초원심분리와 전기영동의 두 방법은 전체적으로 단백질 분자의 성질에 좌우되었다. 생화학자들은 분자 내부를 조사할 목적으로 X-선을 쓰게 되었다. X-선 빔은 물질을 통과하면서 산란되는데, 물질의 구성 입자가 규칙적인 열을 지어 배열되어 있으면 (결정 속의 원자 배열처럼) 산란 또한 규칙적이게 된다. X-선 빔이 결정에 의해 산란된 뒤 감광 필름에 충돌하면 대칭적인 점의 패턴으로 나타나게 되고 이를 통해 결정 내 원자 간의 거리나 배열의 추론이 가능해진다.

거대 분자가 분자 내에 규칙적으로 배열되는 작은 단위체로 되어 있는 것은 흔한 일이다. 이는 예를 들어 아미노산으로 되어 있는 단백질에도 해당된다. 단백질 분자 내에서 아미노산의 규칙적인 배열은 X-선 빔이 산란되는 방식에 반영된다. 그렇게 해서 생기는 산란은 결정보다 덜 뚜렷하지만 분석에 쓸 수가 있었다. 1930년대 초부터 아미노산 단위체 사이의 일반적인 배열이 추론되기 시작했다. 이 일은 미국의 화학자 라이너스 폴링(Linus Pauling, 1901-1984)이 1951년 아미노산의 배열을 밝혀, 단위체의 사슬이 나선 형태로 배열되어 있음을 보였을 때 마침내 명확해졌다. (나선은 보통 나선 계단의 그 나선이다.)

단백질 구조에 대해 점점 더 깊이 조사해 갈수록 복잡한 X-선 데이터를 더 많이 다룰 필요가 생겨났다. 필요한 수학적 계산은 점점 길어지고 다루기 힘들어져 결국 사람의 마음만으로는 상세한 해법을 구하는 것이 비현실적인 정도로까지 되고 말았다. 다행히 1950년대에 개발된 전자식 컴퓨터로 인해 엄청난 길이의 계산도 거의 시간을 들이지 않고 일상적으로 행할 수가 있었다.

컴퓨터는 이런 식으로 해서 단백질이 아니라 바이타민에 관한 문제를 푸는 데 최초로 쓰이게 되었다. 1924년 미국의 물리학자 마이넛(George Richard Minot, 1885-1950)과 머피(William Parry Murphy, 1892-1987)는 악성빈혈병 환자에게 간을 규칙적으로 먹이면 병으로 죽어가는 것을 막을 수 있다는 것을 발견했다. 바이타민의 존재가 의심되었다. 바이타민 B_{12}로 명명되었는데 1948년 마침내 분리에 성공할 수 있었다. 이는 6 종류, 183개 원자로 구성된 아주 복잡한 분자임이 밝혀졌다. 새로운 물리학적 기술과 컴퓨터의 도움을 받아 바이타민 B_{12}의 상세한 구조가 1956년 드러났다. 사이아노기(시안기), 코발트 원자, 아민기가 (다른 많은 구조 중에서) 들어 있었기 때문에 '사이아노코발라민'이란 이름으로 불리기도 했다.

과학자들은 단백질에 의해 생기는 회절패턴의 분석에도 컴퓨터를 써야만 했다. X-선 회절과 컴퓨터를 써서 오스트레일리아계 영국인 생화학자 페루츠(Max Ferdinand Perutz, 1914-2002)와 영국의 생화학자 켄드루(John Cowdery Kendrew, 1917-97)는 1960년 미오글로빈 분자(헤모글로빈을 닮았지만 크기는 1/4밖에 안 되는 근육의 단백질)의 완전한 3차원 구조를 모든 아미노산이 제 위치에 있는 상태로 발표할 수 있었다.

크로마토그래피

거대 분자의 상세 구조를 밝히기 위해 X-선 회절과 같은 물리학적 방법을 쓰는 것은 화학자가 이미 그 분자의 단위체 성질을 잘 알고 있거나 배열에 대해 일반적으로 잘 알고 있는 경우이다. 만약 그런 경우에 해당한다면 수수께끼 같은 회절 데이터를 끼워 맞출 가능성의 가짓수가 현실적인 크기로 줄어들 것이다.

단백질의 경우 처음에는 화학적인 진보가 더뎠다. 19세기의 과학자들은 단백질 분자가 아미노산으로 되어 있음을 겨우 보여줄 수 있을 뿐이었다. 20세기가 열리자 독일의 화학자 피셔(Emil Hermann Fischer, 1852-1919)가 아미노산이 단백질 분자 안에서 결합되는 방식을 설명할 수 있었다. 1907년 그는 한 아미노산 분자 15개와 다른 것 3개를 합쳐서 18개의 단위로 된 아주 간단한 단백질 비슷한 물질을 만들 수가 있었다.

그러나 자연에 존재하는 훨씬 더 복잡한 단백질의 정확한 구조는 어떻게 되는 걸까? 우선 주어진 단백질 분자에 존재하는 아미노산의 정확한 가짓수는 어떻게 되는 걸까? 이 질문에 답하는 간단한 방법은 단백질 분자를 개별 아미노산 혼합물로 분해한 다음 화학적인 분석 방법에 의해 각 성분의 상대적인 양을 측정하는 것이다.

그러나 피셔 때의 화학자들에게 이 방법은 무리였다. 일부 아미노산의 구조가 너무 유사해 그들을 구분하는 데 쓸 보통의 화학적인 방법이 쓸모가 없었기 때문이다.

문제에 대한 답은 러시아의 식물학자 츠베트(Mikhail Semenovich Tsvett, 1872-1919)의 수고 덕분으로 1906년에 처음으로 세상에 나오게 된 어떤 기술을 통해 얻어졌다. 그는 색소에 대해 연구 중이었는데 무척 닮은 화합물로 되어 있는 혼합물 때문에 보통의 화학적인 방법으로는 분리를 할 수 없어 꽤 고생을 하고 있었다. 그러다가 알

루미나 분말로 채워진 관에 혼합물 용액을 서서히 통과시켜 보면 어떨까 하는 생각이 떠올랐다. 색소 혼합물 속의 물질들은 서로 다른 강도로 분말 입자의 표면에 붙을 것이다. 새 용매로 혼합물을 씻어 내리면 분리가 일어날 것이다. 강도가 약하게 붙어 있던 혼합물 성분일수록 더 멀리 씻겨 내려갈 것이다. 결국 혼합물은 제 각각의 색조를 띠는 개별 색소로 분리될 것이다. 분리의 결과가 '색깔로 쓰이기' 때문에 츠베트는 이러한 말뜻의 그리스어를 써서 그 기술을 '크로마토그래피'(chromatography)라고 명명했다.

츠베트의 연구가 당장 관심을 끄는 데 실패했으나 1920년대에 빌슈테터(264페이지 참조)가 재도입하여 대중화시켰다. 크로마토그래피는 복잡한 혼합물의 분리에 널리 그리고 다양하게 쓰이게 되었다. 그러나 분말 관의 형태는 아주 소량의 혼합물에 밖에 쓸 수가 없었다. 좀 더 강력한 어떤 것이 필요했다.

이에 대한 개선은 1944년 일어났고, 생화학 기술에 일대 혁신을 불러왔다. 그해에 영국의 생화학자 마틴(Archer John Martin, 1910-2002)과 싱(Richard Laurence Millington

Synge, 1914-1994)이 간단한 여과지 위에서 크로마토그래피를 할 수 있는 기술을 개발해낸 것이었다.

그들은 아미노산 혼합물의 시료 한 방울을 길고 가느다란 여과지 조각의 바닥 가까이에 떨어뜨린 뒤, 마르기를 기다려, 바닥의 끝을 용매에 담가서, 용매가 모세관 작용으로 조각을 타고 올라가게끔 했다. 전개 용매가 마른 혼합물을 지날 때, 그 속에 든 각각의 아미노산들은 저마다의 고유한 속도로 용매를 타고 올라가게 될 것이다. 결국 아미노산은 분리될 것이다. 여과지상의 위치는 적절한 물리적 또는 화학적 방법으로 검출될 수 있을 테고, 따로 다른 여과지 조각 위에서 동일한 방식으로 행해진 각각의 아미노산과 그 위치가 비슷할 것이다. 각 얼룩 속의 아미노산 양도 큰 어려움 없이 측정할 수 있었다.

이 기술, '페이퍼 크로마토그래피'는 큰 인기를 끌었다. 간단하게, 값싸게, 그리고 정교한 장비도 필요 없이 소량의 복잡한 혼합물을 깔끔하게 분리할 수 있었다. 이 기술은 거의 모든 생화학 분야에서 쓰이게 되었다. 예를 들어 광합성 식물 세포의 혼합물에 대한 캘빈의 연구도 이 기술 없이는 사실상 상상할 수 없는 것이었다.

페이퍼 크로마토그래피로 인해 무엇보다도 특정 단백질 속에 존재하는 아미노산의 정확한 가짓수를 측정하는 것이 가능해졌다. 보통의 화합물을 그 구성 원소의 원자수로 동정하듯이, 구성 아미노산의 숫자로 단백질의 특성을 밝히는 일이 잇달아 행해졌다.

아미노산 서열

그러나 그것으로 충분하지 않았다. 결국 화학자들은 보통의 화합물 속에 있는 원자의 숫자뿐 아니라 배열에도 관심을 기울이게 되었다. 그리고 단백질 분자 속 아미노산의 경우도 그랬다(그림 6 참조). 그러나 배열 문제는 어려운 문제였다. 분자 속 아미노산의 수가 수십 개인 경우라도 가능한 배열의 가짓수는 천문학적이고 만약 500개를 넘긴다면 (평균 크기의 단백질인 헤모글로빈 분자처럼) 가능한 배열의 가짓수는 숫자만 해도 600개를 넘기게 될 것이다. 그렇게 많은 가능성 중에서 올바른 순서를 어떻게 고를 수 있을까?

페이퍼 크로마토그래피로 인해 해답이 예상했던 것

보다 쉽다는 것을 알게 되었다. 인슐린 분자에 대해 연구 중이던 영국의 생화학자 프레더릭 생어(Frederick Sanger, 1918-2013)가 8년의 시간을 쏟은 끝에 그 방법을 찾아낸 것이다. 그는 인슐린 분자를 중간 정도로 분해해 보다 짧은 아미노산 사슬로 만들었다. 그는 이 짧은 사슬을 크로마토그래피로 분리했고 사슬을 구성하는 아미노산들을 동정했을 뿐 아니라 각각의 배열순서마저 알아냈다. 4개짜리 단편이라 해도 24가지로 배열될 수 있어서, 이는 결코 쉬운 일이 아니었다. 그러나 엄청나게 어려운 일도 아니었다. 생어는 어떤 긴 사슬에서 자신이 찾아낸 보다 짧은 사슬이 생겨났는지를 천천히 추론할 수 있었다. 그는 사슬의 구조를 조금씩 점점 더 길게 쌓아올려 갔고 마침내 1953년 전체 인슐린 분자의 정확한 아미노산 순서를 밝힐 수 있었다.

이 기술의 가치는 미국의 생화학자 뒤비뇨(Vincent du Vigneaud, 1901-78)에 의해 거의 즉시 증명되었다. 그는 생어의 기법을 단지 8개의 아미노산으로 구성된, 아주 간단한 분자인 '옥시토신'(oxytocin) 호르몬에 써 보았다. 일단 서열이 밝혀지자, 단지 8개였으므로 각각의 아미노산이

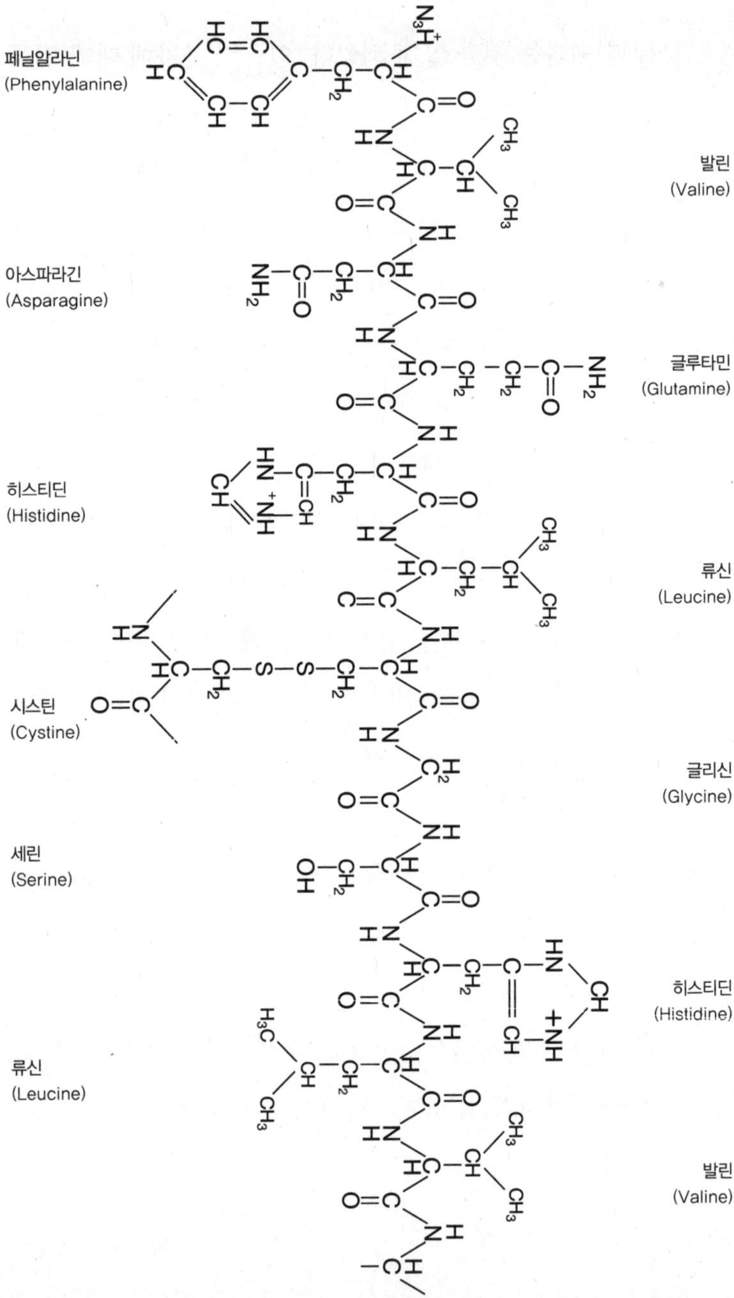
페닐알라닌
(Phenylalanine)
발린
(Valine)
아스파라긴
(Asparagine)
글루타민
(Glutamine)
히스티딘
(Histidine)
류신
(Leucine)
시스틴
(Cystine)
글리신
(Glycine)
세린
(Serine)
히스티딘
(Histidine)
류신
(Leucine)
발린
(Valine)

제 위치에 들어간 화합물을 합성하는 일이 실현 가능해졌다. 이는 1954년에 실행되었고, 합성된 옥시토신은 모든 면에서 천연 호르몬과 정확하게 닮았음이 밝혀졌다.

생어의 분석과 뒤비뇨의 합성, 두 위대한 업적이 그 이후에 보다 큰 규모로 재현되었다. 1960년에는 효소 '라이보뉴클리에이스'(ribonuclease)의 아미노산 서열이 밝혀졌다. 이 분자는 124개의 아미노산으로 구성되어 있어 인슐린 분자의 아미노산 개수보다 두 배 반이나 많았다. 게다가 리보뉴클리에이스 분자의 단편을 합성하여 효소의 효력도 조사해볼 수 있었다. 1963년 그런 식으로 해서 아미노산 12번과 13번이 (히스티딘과 메티오닌) 분자의 작용에 핵심임을 알게 되었다. 이는 특정 효소 분자가 기능을 수

R-곁사슬

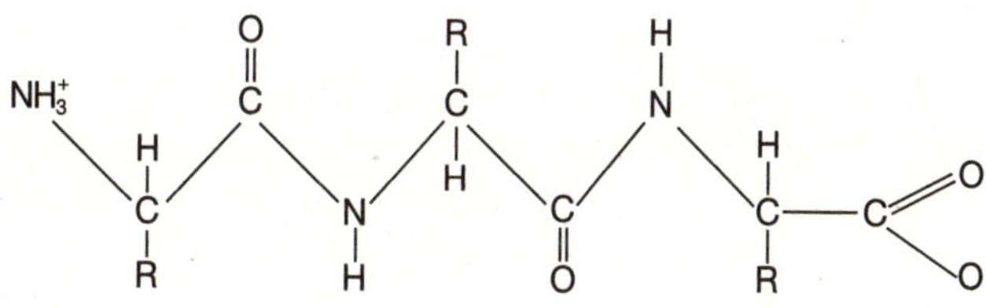

그림 6. 단백질의 복잡한 구조를 보이는 화학식. 위는 인슐린 단백질 분자를 형성하고 있는 두 폴리펩타이드 중 하나의 일부이다. 펩타이드 뼈대는 사슬의 중앙을 따라 반복되고 있고, 일부 아미노산이 그것에 곁사슬로 연결되어 있는 것을 보여주고 있다. 정면 페이지는 단백질의 뼈대를 형성하는 펩타이드의 일부이다. 여기서 R은 아미노산 곁사슬을 뜻한다. (사이언티픽 아메리칸에서 전재)

행하는 정확한 방식을 알아내는 데 크게 도움이 되었다.

그렇게 해서 20세기 중반을 넘어서자 단백질 분자는 지식의 진보에 의해 차츰 길들여져 갔다.

14 분자생물학: 핵산

바이러스와 유전자

그러나 단백질이 제어하에 놓이게 된 순간, 놀랍고도 갑작스레 첫째가는 생명의 화학물질 자리를 다른 종류의 물질에게 내놓는 일이 일어났다. 이 새로운 물질은 여과성 바이러스의 성질에 대한 의문으로부터 시작된 일련의 연구를 통해 자신의 존재를 드러냈다.

바이러스의 성질은 한 세기 가까이 수수께끼로 남아 있었다. 질병을 일으킬 수 있다는 것이 알려져 있었고 그러한 능력을 막는 방법이 개발되어 있었지만(234페이지 참조), 효과가 아닌 그것 자체에 관해서는 여전히 모르는 채였다.

마침내 바이러스가 붙잡힐 만큼 충분히 미세한 필터가 개발되자 여과 특성으로 보아 바이러스 입자는 가장 작은 세포보다 훨씬 작고 아주 큰 단백질 분자보다는 훨씬 크다는 것을 알게 되었다. 다시 말해 이들은 세포와 분자 사이의 중간 크기인 구조물로 판명되었다.

이들을 관찰할 수 있는 물체로 드러낸 것은 전자현미경(255페이지 참조)이었다. 바이러스 중에는 큰 단백질 분자보다 그렇게 많이 크지 않은 작은 점 크기부터 규칙적인 기하학적 모양을 갖추고 분명한 내부 구조도 있는 상당한 크기의 구조물에 이르기까지 다양한 크기가 있다는 것이 알려졌다. 박테리오파지는 세균 같이 작은 생물을 먹이로 삼음에도 불구하고 가장 큰 바이러스에 속했고 일부는 작은 올챙이처럼 꼬리가 달려있기까지 했다. 바이러스의 범위를 벗어나지만 가장 작은 보통 세균보다 더 작은 것으로 리케차도 있었다. 그 이름은 로키산홍반열의 원인균을 연구하던 중 그 병으로 인해 죽은 세균학자 리케츠(185페이지 참조)를 기려 붙여진 것이다.

가장 작은 세포와 가장 큰 분자 사이에 걸쳐 있는 듯한 이 일단의 생물이 과연 살아 있는지 아닌지에 대한 의문이 제기되었다. 이들이 살아있다는 가설에 불리해 보이는 깜짝 놀랄 사건이 1935년 일어났다. 미국의 생화학자 스탠리(Wendell Meredith Stanley, 1904-71)가 그 당시 담배 모자이크 바이러스의 추출물에 대해 연구하던 중 미세한 침상의 결정을 얻은 것이다. 그리고 곧 이 결정에 바이러스의 모든 감염력이 갖춰져 있음을 알아냈다. 그러나 결정으로 된 바이러스를 얻었는데, 살아있는 결정이라니 꽤 받아들이기 곤란한 개념이었다.

세포설이 불충분하며 세포가 생명의 불가분의 단위는 아니라고 생각해 볼 수는 없는 것일까? 바이러스는 세포보다 훨씬 작고 세포와 달리 어떠한 상황하에서도 독립적인 삶의 능력을 갖추고 있지 않다. 그러나 가까스로 세포 안으로 들어가기만 하면 거기서 생식하며 어떤 면에서는 마치 살아있는 듯이 행동한다.

그렇다면 생명의 진짜 핵심인 세포 내의 어떤 성분이나 세포 내에 어떤 구조물이 있는 것이 아닐까? 세포의 나머지를 도구처럼 부리는 것 말이다. 바이러스는 어쨌든 세포로부터 떨어져나간, 그래서 세포에 침투하기만을 기다리고 있다가 정당한 주인으로부터 세포를 접수하고 마는, 그런 세포 성분은 아닐까?

만약 그렇다면 그런 세포 내 성분은 정상 세포 속에 위치하고 있어야 하며 그 영광스러운 논리적인 후보는 염색체(144페이지 참조) 같아 보였다. 19세기 초가 되자 형질의 유전을 지배하는 인자가 염색체에 들어있다는 것과 세포 내 주요 성분이라면 당연히 그래야 하듯이 이들이 세포의 나머지를 조절한다는 것이 명백해졌다. 그러나 염색체는 바이러스에 비해 훨씬 컸다.

그런데 유전 가능한 형질에 비해 염색체의 수가 터무니없이 적었으므로 각 염색체가 수많은 단위로 구성되어 있고 각 단위가 단일 형질을 조절할 것이란 결론을 내릴 수밖에 없었다. 이들 개개의 단위에는 덴마크의 식물학자 요한센(Wilhelm Ludwig Johannsen, 1857-1927)에 의해 '생겨나게 하기'를 뜻하는 그리스어로부터 '유전자'(gene)라는 이름이 붙여졌다.

20세기 첫 10년 동안 개별 바이러스처럼 개별 유전자도 볼 수가 없었지만 연구는 알차게 진행되었다. 연구의

문을 연 것은 1907년 새로운 생물학 도구로 작은 초파리 '드로소필라 멜라노가스터'(*Drosophila melanogaster*)를 도입한 미국의 유전학자 토머스 헌트 모건(Thomas Hunt Morgan, 1866-1945)이었다. 이는 많은 숫자로 게다가 거의 말썽 없이 키울 수 있는 작은 곤충이었다. 그리고 세포에는 염색체가 네 쌍밖에 들어있지 않았다.

초파리의 세대를 추적하면서 모건은 많은 돌연변이의 사례를 발견했는데, 이로써 드 브리스(139페이지 참조)가 식물에서 발견한 것이 동물계로까지 확대될 수 있었다. 그는 나아가 다양한 형질들이 연관되어 있음을, 즉 함께 유전됨을 보여줄 수 있었다. 이는 그러한 형질을 지배하는 유전자가 동일한 염색체상에 존재하며 또한 하나의 단위로 유전된다는 것을 의미했다.

그러나 연관된 형질이 영원히 연관되지는 않았다. 가끔은 하나가 다른 것 없이 유전되기도 했다. 이는 염색체 쌍이 일부를 교환하는 '교차'(crossing over) 때문에 일어나는 일이었고 따라서 개별 염색체의 완전성은 절대적인 것이 아니었다.

그러한 실험으로 인해 특정 유전자가 존재하는 염색

체상의 지점을 알아내는 일도 가능해졌다. 염색체상에서 두 유전자 사이의 거리가 멀수록 둘 사이에 있는 어떤 지점에서 교차가 일어날 가능성은 커진다. 두 연관된 형질의 연관이 풀리는 빈도를 조사함으로써 유전자의 상대적 위치를 정할 수 있었다. 그렇게 해서 1911년 초파리의 최초 염색체 지도가 완성되었다.

그러던 차에 모건의 제자 중 한 명이었던 미국의 유전학자 물러(Hermann Joseph Muller, 1890-1967)가 돌연변이 빈도를 늘리는 방법을 찾아냈다. 1919년 그는 온도를 올리면 그런 일이 일어난다는 것을 발견했다. 더군다나 이는 유전자 '흔들기'(stirring up)의 결과가 아니었다. 항상 하나의 유전자만이 영향을 받고 쌍 중 다른 염색체상의 사본은 그렇지 않다는 것이 밝혀졌다. 물러는 분자 수준의 변화가 관여한다는 결론을 내렸다.

그런 다음 그는 X-선을 써 보았다. 약한 열보다는 에너지가 셌고 염색체에 부딪친 X-선은 어떤 점 위에 확실히 효과를 나타냈다. 1926년 물러는 X-선 사용으로 돌연변이률이 크게 증가함을 아주 분명히 보여줄 수 있었다. 미국의 식물학자 블레이크슬리(Albert Francis Blakeslee, 1874-

1954)는 연구를 이어 1937년, 특수한 화학물질인 '돌연변이원'(mutagen)에 노출되었을 때도 돌연변이률이 올라갈 수 있음을 보여주었다. 그러한 돌연변이원의 가장 좋은 보기는 가을 크로커스에서 얻어지는 알카로이드인 '콜히친'(colchicine)이었다.

그리하여 1930년대 중반이 되자 바이러스와 유전자 모두 신비성을 잃어갔다. 둘 다 크기가 거의 동일한 분자이고, 빨리 밝혀졌지만, 화학적인 성질도 거의 동일했다. 유전자는 세포의 길들여진 바이러스일까? 아니면 바이러스가 '야생의 유전자'일까?

DNA의 중요성

일단 바이러스 결정화에 성공하자 이들에 대한 화학적 분석이 가능해졌다. 이들은 물론 단백질이었으나 '핵단백질'이라 부르는 특별한 종류의 단백질이었다. 그리고 염색 방법의 발달로 세포 내 개별 구조물의 화학적 성질을 알아내는 것이 가능해졌고, 염색체 또한 (따라서 유전자도) 핵단백질임을 밝힐 수 있었다.

핵단백질 분자는 '핵산'(nucleic acid)으로 알려진, 인을 포함하는 물질에 결합된 단백질로 구성되어 있다. 핵산은 1869년 스위스의 생화학자 미셔(Friedrich Miescher, 1844-1895)에 의해 최초로 발견되었다. 이들이 세포 핵 속에서 처음으로 검출되었기 때문에 그런 이름이 붙었다. 나중에 세포 핵 밖에서도 존재함을 알게 되었지만 이름을 바꾸기엔 너무 늦었다.

핵산에 대해 최초로 상세한 연구를 행한 이는 1880년대와 그 이후에 핵산을 보다 작은 빌딩블록으로 분해하는 데 성공한 독일의 생화학자 코셀(Albrecht Kossel, 1853-1927)이다. 핵산 속에는 인산과 그가 동정하는 데 실패한 당이 들어 있었다. 덧붙여 4개의 질소가 들어 있는, 2개의 원자 고리로 된 분자인 '퓨린'(purine) 종류에 속하는 2개의 화합물이 있었다. 코셀은 이들을 '아데닌'과 '구아닌'으로 명명했다. (때로 그냥 A와 G라고도 한다.) 그는 또한 2개의 질소가 들어 있고, 한 개의 원자 고리로 된 화합물인 '피리미딘'(pyrimidine)도 3개 발견했는데, 이들은 각각 '사이토신(시토신), 싸이민(티민), 유라실(우라실)'로 명명했다.

러시아계 미국인 화학자 레빈(Phoebus Aaron Theodor

Levene, 1869-1940)이 1920년대와 30년대에 걸쳐 연구를 더욱 진행했다. 그는 핵산 분자 속에서 인산 분자, 당 분자, 그리고 퓨린이나 피리미딘 중 하나가 결합하여 세 부분으로 된 단위체를 형성함을 밝혔고 그것을 '뉴클레오타이드'(nucleotide)라고 명명했다. 단백질이 아미노산 분자의 사슬로 구성되어 있듯이, 핵산 분자는 이들 뉴클레오타이드의 사슬로 구성되어 있다. 뉴클레오타이드 사슬은 한 뉴클레오타이드의 인산을 이웃 뉴클레오타이드의 당기에 연결함으로써 만들어진다. 이런 식으로 하여 '당-인산 뼈대'가 만들어지고 이 뼈대로부터 퓨린과 피리미딘기가 뻗게 된다.

레빈은 나아가 핵산 속의 당 분자에 '리보스'(더 잘 알려진 당들의 6 탄소 원자 대신 단지 5탄소 원자로 되어 있는) 와 '데옥시리보스'(산소 원자의 개수가 하나 더 적은 것을 제외하면 리보스와 같은)의 두 종류가 있음을 보여줬다. 각 핵산 분자에는 한 종류나 다른 종류의 당만이 들어 있고 둘 다 들어 있는 경우는 없었다. 그러므로 핵산은 보통 RNA로 줄여 쓰는, '리보핵산'(ribonucleic acid)과 보통 DNA로 줄여 쓰는 '데옥시리보핵산'(deoxyribonucleic acid)의 2종류로 나눌 수 있다. 각자에는 단지 4종류의 퓨린과 피리미딘이 들어 있다. DNA에는 유라실이 빠지고 A, G, C, T만이 있다. 반면 RNA에는 싸이민이 빠지고 A, G, C, U가 있다.

스코틀랜드 화학자 토드(Alexander Robertus Todd, 1907-97)는 1940년대에 각종 뉴클레오타이드를 실제로 합성함으로써 레빈의 생각이 옳음을 증명하였다.

생화학자들은 처음 핵산에 특별한 중요성을 부여하지 않았다. 단백질 분자는 결국 당, 지방, 금속이 든 그룹, 바이타민이 든 그룹, 기타 등등을 포함하여 각종 비단백성 부속물과 결합되어 있음을 알게 되었다. 모든 사례에서 분자의 중심 부위가 단백질이고 비단백성 부분은 부차적인 것으로 여겼다. 핵단백이 염색체와 바이러스에서 발견되긴 했지만 핵산 부위는 부차적이고 단백질이 중요한 것이란 생각을 당연시했다.

그러다가 1890년대에 들어 코셀은 우리가 훗날 중요한 것으로 여기게 된 몇 가지 발견을 하였다. 정자 세포는 조밀한 염색체로 거의 꽉 차 있었다. 유전되는 형질의 아버지 몫을 자식에게 전달하는 데 필요한 완전한 정보를 갖고 있는 화학물질이 정자에 들어 있어야 했다. 그리고 코셀은 정자 세포에 들어있는 단백질이 조직에서 발견되는 단백질보다 훨씬 단순한 데 반해 핵산의 함량은 조직과 거의 동일함을 발견하였다. 이로 미루어 유전 정보는 극도로 단순화된 단백질이 아니라, 정자의 변하지 않은 핵산 분자에 들어 있는 듯이 보였다.

그럼에도 불구하고 생화학자들은 흔들리지 않았다. 단백질 분자에 대한 믿음이 확고부동했을 뿐 아니라 1930년대를 통틀어 모든 증거는 핵산이 너무 작은 분자이고 (단지 4종류의 뉴클레오타이드로 되어 있었으니까) 따라서 유전 정보를 지니고 있기에 너무 단순하다고 말하는 듯했다.

전환점은 미국의 세균학자 에이버리(Oswald Theodore Avery, 1877-1955)가 이끄는 일단의 생물학자들이 폐렴쌍구균(폐렴을 일으키는 세균)의 변종 연구에서 개가를 올린 1944년에 찾아왔다. 일부는 '매끄러운'(S) 데다가 세포 바깥에 피막(협막)이 있는데 비해 다른 것은 '거칠었고'(R) 그런 피막이 없었다.

명백하게 R형균에는 피막 합성 능력이 빠져 있었다. S형균의 추출물을 R형균에 첨가해주면 후자가 S형균으로 전환되었다. 추출물 자체는 피막의 형성을 일으킬 수 없었으므로, 세균이 그 일을 할 수 있도록 R형균에서 어떤 변화가 일어난 것이 분명했다. 추출물에는 세균의 형질을 바꾸는 데 필요한 유전 정보가 들어있었다. 실험의 깜짝 놀랄 점은 추출물의 분석 때 드러났다. 그것은 핵산만으로 된 용액이었고, 그 속엔 어떤 종류의 단백질도 존재하지 않았다.

적어도 이 한 사례에서는 단백질이 아닌, 핵산이 유전물질이었다. 그때부터 생명의 첫째가는, 중요한 물질은 결국 바로 핵산임을 인정해야 했다. 1944년은 페이퍼 크로마토그래피 기술이 도입된 해이기도 하므로 종의 기원이 출판된 (116페이지 참조) 1859년 이래 1944년이 가장 위대한 생물학의 해라고 해도 좋을 것이다.

1944년 이후 핵산에 대한 새로운 견해가 충분히 증명되었는데, 아마도 가장 눈부신 경우는 바이러스에 대한 연구를 통해서일 것이다. 바이러스는 외피가 단백질로 되어 있고 내부 빈 곳에는 핵산이 들어있음을 알게 되었다. 독일계 미국인 생화학자 프렌켈-콘라트(Heinz Fraenkel-Conrat, 1910-99)는 1955년 바이러스를 두 부분으로 나눴다가 다시 그것들을 합쳐놓을 수 있었다. 단백질 부분은 단독으로는 전혀 감염력을 보이지 않았다. 즉, 죽어있었다. 핵산 부분은 단독으로도 조금의 감염력을 보였다. 즉, 살아있었다. 비록 가장 효과적이기 위해 단백질을 필요로 하긴 했지만 말이다.

방사능 동위원소를 이용한 실험은 박테리오파지가 세균에 침입할 때 핵산 부분만 세포 속으로 들어간다는 것을 명백하게 보여주었다. 단백질 부분은 바깥에 남아있었다. 세포 안에서 박테리오파지의 핵산은 자신과 같은(세균 세포에 고유한 그것들과는 다른) 더 많은 핵산 분자의 생성뿐 아니라, 박테리오파지의 껍질을 형성하기 위한 단백질 분자, 그리고 세균 세포의 단백질이 아닌, 박테리오파지의 고유한 단백질 생성도 일으킨다. 유전정보를 지니고 있는 것은 단백질이 아니라 핵산 분자임은 더 이상 의심의 여지가 없었다.

바이러스 분자에는 DNA 아니면 RNA가 들어있었고 둘 다인 경우는 없었다. 그러나 세포 안에서는 오로지 DNA만이 유전자 속에서 발견되었다. 유전자가 유전의 단위였으므로 핵산의 중요성은 결국 DNA의 중요성으로 귀결되었다.

핵산의 구조

에이버리의 연구 이후 핵산을 신속하고 집중적으로 연구하게 되었다. 이들은 금세 거대 분자임이 밝혀졌다. 이들이 작을 것이라는 착각은 초기의 추출법이 거칠어 추출되는 과정에서 분자가 작은 단편으로 분해되었기 때문에 벌어진 일이었다. 부드럽게 추출하는 기술일수록 가장 큰 단백질 분자만큼 크거나 보다 더 큰 핵산 분자가 추출되었다.

오스트리아계 미국인 생화학자 샤가프(Erwin Chargaff, 1905-2002)는 핵산 분자를 분해하여 단편을 페이퍼 크로마토그래피로 분리해 보았다. 그리하여 1940년대 후반 DNA 분자에서는 퓨린 그룹의 수가 피리미딘 그룹의 수와 동일함을 알아냈다. 보다 특이적으로 아데닌 그룹(퓨린)의 수는 보통 싸이민 그룹(피리미딘)의 수와 동일한 데 비해 구아닌 그룹(퓨린)의 수는 사이토신 그룹(피리미딘)의 수와 동일하였다. 이는 A=T, G=C로 나타낼 수도 있다.

뉴질랜드 태생의 영국인 물리학자 윌킨스(Maurice Hugh Frederick Wilkins, 1916-2004)는 1950년대 초에 X-선 회절 기술을 DNA에 써 보았다. 케임브리지 대학교의 동료였던 영국의 생화학자 크릭(Francis Harry Compton Crick, 1916-2004)과 미국의 생화학자 왓슨(James Dewey Watson, 1928-)은 윌킨스가 얻은 데이터를 토대로 DNA의 분자 구조를 연구했다.

때마침 폴링이 단백질의 나선 구조에 대한 자신의 이론을 발표한 것도 있어(270페이지 참조), 크릭과 왓슨이 보기에 나선형 DNA 분자가 윌킨스의 데이터에 꼭 맞을 것 같았다. 그러나 그들은 샤가프의 발견도 설명하기 위해 이중 나선을 생각했다. 두 개의 당-인산 뼈대가 공통의 축 주위로 감아 원통형 분자를 구성하고 있는 식으로 DNA 분자를 시각화했다. 퓨린과 피리미딘은 뼈대로부터 원통의 중심을 향해 안으로 뻗었다. 원통의 지름을 일정하게 유지하기 위해 큰 퓨린은 항상 작은 피리미딘과 마주하고 있어야 했다. 특이적으로 A는 T와 G는 C와 마주해야 했고 그런 식으로 해서 샤가프의 발견을 설명하였다.

그렇게 되자 염색체가 배가되는(관련 단백질도 두 배로 되고, 바이러스 분자가 세포 안에서 자신을 번식하는 방식이기도 한) 유사분열(체세포분열)의 주요 단계에 대한 설명도 가능해졌다.

각 DNA 분자는 다음처럼 자신의 사본(replica) 만들기,

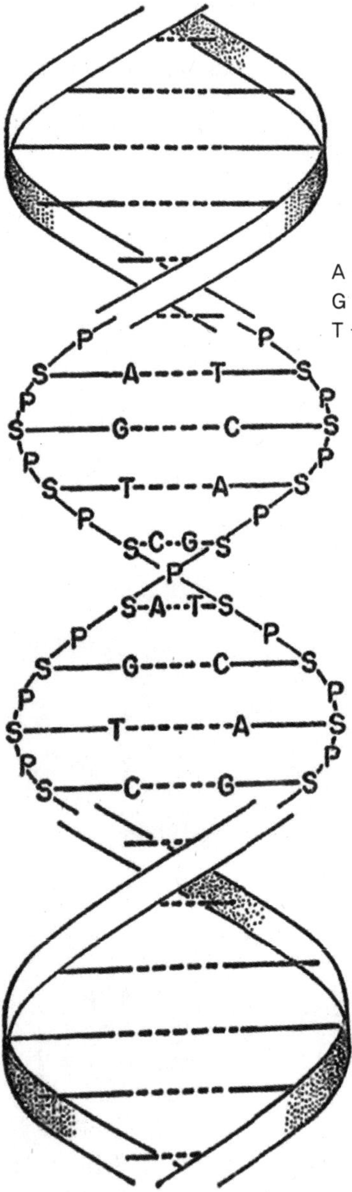

A – 아데닌(adenine)
G – 구아닌(guanine)
T – 싸이민(thymine)
C – 사이토신(cytosine)
P – 인산(phosphate)
S – 당(sugar)

그림 7. 이중나선구조의 DNA 분자. 뼈대 가닥은 교대하는 당(s)과 인산(P)으로 되어 있다. 아데닌(A), 구아닌(G), 싸이민(T), 사이토신(C)은 안을 향한다. 점선은 두 가닥을 묶어주는 수소 결합을 뜻한다. 복제 때, 각각의 가닥은 세포 속에 항상 존재하는 퓨린과 피리미딘(A, G, C, T)으로부터 자신의 자신의 상보구조를 만들어낼 것이다(사이언티픽 아메리칸에서 전재).

즉 '복제'(replication)를 한다. 두 개의 당-인산 뼈대가 풀려 각자가 새로운 '상대방'(complement)을 위한 모델 역할을 한다. 한 뼈대 위의 아데닌이 있는 곳마다 세포 속에 항상 존재하는 공급원에서 싸이민이 선택되고 그 역 또한 성립한다. 구아닌 분자가 존재하는 곳마다 사이토신 분자가 선택되고 역 또한 성립한다. 그리하여 뼈대1이 새로운 뼈대2를 만들어내고 뼈대2는 새로운 뼈대1을 만들어내게 된다. 금세 단 하나가 있던 곳에 두 개의 이중 나선이 존재하게 된다.

만약 DNA 분자가 염색체(또는 바이러스)를 따라 이 모두를 행하게 되면, 원래 단 하나만 있었던 곳에 두 개의 동일한 염색체가 생겨나게 될 것이다. 그러나 이 과정은 항상 완벽하게 끝나지만은 않는다. 복제 과정에서 불완전함이 발생했을 때, 새로운 DNA 분자는 원판과 약간 다르게 될 것이다. 즉 돌연변이를 갖게 될 것이다.

이러한 왓슨과 크릭의 모델은 1953년 세상에 발표되었다.

유전 암호

그런데 핵산 분자는 형질에 관한 정보를 어떻게 전달하는 것일까? 이에 대한 답은 미국의 유전학자 비들(George Wells Beadle, 1903-89)과 테이텀(Edward Lawrie Tatum, 1909-75)의 연구로 밝혀지게 되었다. 1941년 그들은 아미노산이 들어있지 않은 영양배지에서 살 수 있는, 뉴로스포라 크라사(*Neurospora crassa*)라는 곰팡이를 갖고 실험을 시작했다. 이 곰팡이는 질소를 갖고 있는 보다 단순한 화합물로부터 자신의 모든 아미노산을 만들어낼 수가 있었다.

그런데 그 곰팡이에 X-선을 쬐어주면 돌연변이체가 형성되었고, 이들 돌연변이체 중 일부에는 자신의 모든 아미노산을 만들 수 있는 능력이 없어진 것들이 있었다. 예를 들어 어떤 돌연변이체는 아미노산, 라이신을 만들 수가 없어서 성장하기 위해서는 영양 혼합물 속에 라이신을 넣어줘야만 했다. 비들과 테이텀은 이러한 능력 상실이 돌연변이를 일으키지 않은 보통의 정상 개체에 있는 특정 효소의 결핍으로 인해 일어남을 밝혔다.

그들은 특정 유전자의 고유 기능이 특정 효소의 생성

을 감독하는 일이라는 결론을 내렸다. 정자와 난자에 건네진 핵산 분자는 자신의 안에 효소의 특정 집합을 생산할 수 있는 능력을 갖추고 있다. 이 집합의 성질로 인해 세포의 화학이 정해진다. 그리고 그 세포 화학의 성질로 인해 과학자가 궁금하게 여기는 유전에 관한 모든 형질이 생겨난다. 그렇게 해서 DNA의 정보가 형질로 전달된다.

그런데 유전자에 의한 효소의 생성은 중간체를 거쳐 일어남이 틀림없었다. 유전자의 DNA가 핵 속에 남아있음에도 단백질 합성이 핵 바깥에서 일어났기 때문이다. 전자현미경의 출현에 힘입어 세포를 새롭게, 보다 정밀한 구석까지 연구하게 되었고 마침내 단백질 합성의 정확한 장소도 알아내게 되었다.

미토콘드리아보다 훨씬 작고 조직화된 과립, 그래서 '마이크로솜'(그리스어로 작은 물체를 의미)이라 부르는 것들이 세포 내에서 많은 수로 눈에 띄었다. 1956년 가장 근면한 전자현미경 학자 중 한 명인, 러시아계 미국인 펄레이드(George Emil Palade, 1912-2008)가 마이크로솜에 RNA가 많다는 것을 보이는 데 성공했다. 그리하여 마이크로솜은 '리보솜'(ribosome)으로 개명되었고 바로 이 리보솜이 단백질의 합성 장소임이 밝혀졌다.

염색체의 유전 정보가 리보솜에까지 와야만 하는데 이 일은 '메신저(messenger) RNA'라고 부르는 특별한 종류의 RNA를 통해 일어난다. 이는 염색체 내에서 특정 DNA 분자의 구조를 베낀 뒤 그 구조인 채로 리보솜으로 이동해 와 리보솜 위에 자신을 내려놓는다. 그 다음 미국의 생화학자 호그랜드(Mahlon Bush Hoagland, 1921-2009)가 처음 연구한 '트랜스퍼(transfer) RNA'라는 작은 분자에 특수한 아미노산이 부착된다. 그러면 부착된 아미노산이 메신저 RNA 상의 합류 지점까지 운반된다.

남은 주요 문제는 어떤 특정 트랜스퍼 RNA를 특정 아미노산에 부착할지를 정하는 것이었다. 가장 간단한 해결책은 하나의 아미노산을 핵산의 한 퓨린이나 피리미딘에 붙이고, 다른 아미노산은 다른 퓨린이나 피리미딘에 붙이는 것이다. 그러나 약 스무 가지의 아미노산이 있는데 비해 핵산에는 단 네 가지의 퓨린이나 피리미딘이 있을 뿐이다. 그런 이유로 적어도 세 개 뉴클레오타이드의 조합이 각각의 아미노산과 짝을 이뤄야 함이 분명했다. (세 개 뉴클레오타이드에는 64가지 조합이 있다.)

3개 뉴클레오타이드와 아미노산의 짝 맞추기는 1960년대 초기의 중요한 생물학 문제였고 이는 흔히 '유전 암호의 해독'이라고 했다. 스페인계 미국인 생화학자 오초아(Severo Ochoa, 1905-93) 같은 이가 이 분야에서 유명했다.

생명의 기원

20세기 중엽 분자생물학의 발달로 인해 기계론자의 기세가 일찍이 없었던 정도로까지 등등해졌다. 유전학의 모든 것이 생명계와 무생명계 둘 다에 들어맞는 법칙을 따라 화학적으로 해석될 수 있었다. 마음의 세계마저 그 급류 앞에서 길을 비켜줘야 할 것처럼 보였다. 학습과 기억의 과정이 신경 경로의 설정 및 보존이 아니라(211페이지 참조) 특수한 RNA 분자의 합성과 유지인 듯이 보였다. (정말 아주 단순한 생명체인 편형동물은 이미 어떤 일을 학습한 적이 있는 다른 편형동물 개체를 잡아먹음으로써 그 일을 학습할 수 있다는 것이 밝혀졌다. 아마도 먹은 개체는 먹힌 개체의 다치지 않은 RNA를 자신의 몸속에 끼워 넣었을 것이다.)

그러나 분자생물학의 발전에도 불구하고 19세기 생기

론자의 처지에서 봤을 때 명백한 승리를 뜻하는 생물학의 한 면이 여전히 남아 있었다. 바로 자연발생(160페이지 참조)의 반론에 관한 문제였다. 19세기에 그러한 반론은 의심의 여지없이 차츰 매력을 잃어가고 있었다. 정말로 생명체가 무생물로부터 생겨날 수 없다면, 그렇다고 하면 생명은 어떻게 시작되었을까? 가장 자연스런 가정은 생명이 초자연적인 것에 의해 창조되었다고 생각하는 것이지만, 그러나 만약 그것을 받아들이길 거부한다면 어떻게 생겨났겠는가?

1908년 스웨덴의 화학자 아레니우스(Svante August Arrhenius, 1859-1927)는 초자연적인 것에 의존하지 않고 생명의 기원을 밝혀내는 방법에 대해 생각했다. 그는 외계에서 우리 행성에 포자가 도달함으로써 생명이 지구에서 시작되었을 것이라고 제안했다. 엄청난 거리의 허공을 표류하여, 별의 광압을 원동력으로 삼아, 여기저기에 내리고, 이 행성 저 행성에 씨를 뿌리는 생명의 입장을 상상하였다. 그러나 아레니우스의 생각은 문제를 미룬 것에 불과했다. 즉, 문제를 푼 것이 아니었다. 만약 생명이 우리 행성에서 기원한 것이 아니라 하면, 기원한 그곳에서는 어떻게 해서 기원했겠는가?

생명이 살아있지 않은 물질에서 기원할 수 있을지 없을지 다시 한 번 생각해볼 필요가 있었다. 파스퇴르는 자신의 플라스크를 제한된 시간만큼만 멸균 상태로 유지했다. 그러나 십억 년 동안 방치한다고 가정한다면? 또는 플라스크의 용액이 아니라 전 해양의 용액을 십억 년 동안 방치한다고 가정한다면? 또는 오늘날 우세한 조건과는 크게 다른 조건하에서 해양을 그렇게 한다고 가정한다면?

영겁의 시간이 지나면서 생명의 기본적인 화학 물질이 변했다고 생각할 이유는 없다. 사실 변하지 않았을 가능성이 크다. 그래서 소량의 아미노산이 수천만 년 된 어떤 화석에도 존재하며, 분리해내면 오늘날의 생체 조직에 존재하는 아미노산과 동일했다. 그럼에도 불구하고 지구의 화학은 일반적으로 변했을 수 있다.

우주의 화학에 대한 지식이 늘어갈수록 미국의 화학자 유리(Harold Clayton Urey, 1893-1981) 같은 이는 메탄이나 암모니아처럼 수소가 든 가스와 수소는 많이 있었지만, 유리(遊離) 산소는 없어서 대기가 환원성인, 그런 원시 지구를 가정하게 되었다.

그런 조건하에서는 상층 대기에 오존층이 없었을 것이다(오존은 산소의 한 유형이다). 그러나 그러한 오존층이 지금은 존재하며 태양 자외선의 대부분을 흡수하고 있다. 환원성 대기에서 에너지가 센 이러한 복사는 해수면을 뚫었을 것이고 해양에서 지금은 일어나지 않는 반응을 일으켰을 것이다. 복잡한 분자들이 서서히 생겨났을 것이고 해양에 기존의 생명체가 없었으므로 이들 분자들이 소비되지 않고 점점 축적되어 갔을 것이다. 마침내 복제 분자로 쓰일 만큼 충분히 복잡한 핵산도 생겨났을 것이고 이것이 이윽고 생명의 핵심이 되었을 것이다.

돌연변이와 자연선택의 효과를 거치면서 점점 더 효율적인 형태의 핵산이 생겨났을 것이다. 이들이 마침내 세포로 발달했을 것이고, 그 중 일부가 엽록소를 생산하기 시작했을 것이다. 광합성으로 (아마도 생명체와 관계없는 다른 과정의 도움도 받으며) 인해 원시 대기가 우리에게 익숙한, 산소가 많은 지금의 대기 형태로 바뀌었을 것이다. 산소 대기 속에서 그리고 이미 생명체가 넘쳐나는 세상에서는 방금 설명한 유형의 자연발생이 더 이상 가능하지 않게 되었을 것이다.

이상은 대부분이 상상이지만 (비록 신중하게 생각해 낸 상상이긴 해도), 1953년 유리의 제자 중 한 명인 밀러(Stanley Lloyd Miller, 1930-2007)가 상상을 장차 유명해진 한 실험으로 옮겼다. 그는 먼저 물을 조심스럽게 정제하고 살균한 뒤에 수소, 암모니아, 메테인(메탄)으로 된 '대기'를 이에 추가했다. 그런 다음 이를 밀봉된 장치 속에서 환류시키고, 태양 자외선의 효과를 흉내내고자 에너지 투입을 뜻하는 방전도 일으켰다. 그는 이를 일주일 동안 계속한 뒤 수용액 중의 성분을 페이퍼 크로마토그래피로 분리해 보았다. 그랬더니 성분 중에 간단한 유기물질이며 몇 종의 작은 아미노산이 발견되었다.

1962년 비슷한 실험을 캘리포니아 대학에서 반복하였다. 이번에는 탄소 한 개인 메테인과 아주 유사한 탄소 2개의 에테인(에탄)이 대기에 추가되었다. 그랬더니 더 크고 다양한 유기 화합물들이 얻어졌다. 그리고 1963년에는 비슷한 방식으로 해서 중요한 고에너지 인산 중 하나인 아데노신 3인산의 합성도 확인하였다.

만약 이런 일이 일주일 만에 작은 장치 속에서 일어날 수 있다면, 십억 년이라면 전 해양과 대기에 무슨 일인들

일어나지 못했겠는가?

우리는 여전히 찾아낼 수 있을지 모른다. 지구 역사의 새벽으로까지 되돌려 진화의 과정을 밝히기는 어려울 수 있겠지만, 만약 우리가 달에 닿는다면, 생명의 출현 이전에 일어난 화학 변화의 과정을 좀 더 명백하게 밝힐 수 있게 될지 모른다. 우리가 화성에 닿는다면, 지구와는 아주 다른 조건에서 생겨난 단순한 생명체에 대해 연구할 수 있게 될지도 모르며, 연구 결과가 우리 지구의 문제 중 일부에 해답을 내놓게 될지도 모른다.

우리 자신의 행성에서마저 우리는 심해와 같은 색다른 조건에 있는 생명체에 관해 매년 조금씩 더 배워가고 있는 중이다. 1960년 인류가 가장 깊은 심해의 바닥까지 뚫고 들어갔기 때문이다. 앞으로 해양에서 돌고래와 같이 인간 이외의 지능과 의사소통을 꾀하는 일이 가능해질 수도 있다.

인간의 정신이 분자생물학의 연구로 비밀을 드러낼 수도 있을 것이다. 인공두뇌학과 전자공학의 지식이 늘어남에 따라 생명이 없는 지능이 생겨날 수도 있을 것이다.

기다리기만 해도 될텐데 우리는 왜 생각을 해야 하는

것일까? 진보가 아무리 대단하고, 몰랐던 것에 대한 지식의 획득이 아무리 놀랍고 인상적이라 할지라도, 앞으로 남아있는 것이 훨씬 더 훌륭하고, 신나고, 경이롭다는 것이야말로 과학이 지닌 가장 멋진 점일 것이다.

지금 살고 있는 사람들의 생애 동안 무엇이 여전히 밝혀지지 않을까? 지금 살고 있는 사람들의 생애 동안 여전히 밝혀지지 않은 것은 무엇일까?

역자 후기

이 책은 미국 자연사 박물관(American Museum of Natural History)에서 일반인에게 생명과학 지식을 보급하기 위하여 1964년에 출판한 아이작 아시모프 저 〈A Short History of Biology〉의 전역이다.

저자는 로봇 3원칙이라는 개념이 등장하는 소설 〈아이, 로봇(I, Robot)〉을 쓴 SF 작가이다. 이 소설은 영화로도 제작되어 국내에서 2004년에 동명으로 개봉된 바 있다. 그는 컬럼비아 대학에서 생화학 박사 학위를 받고 보스턴대학교 의과대학에서 한 때 생화학 교수로 재직한 바 있다. 그는 SF 소설이며 과학해설서 등 평생 수백 권의 저서를 남긴 열정적인 저술가였다.

책의 출판으로부터 50년이 훌쩍 지났음에도 이 책을 번역하고자 한 이유는 저자가 고대로부터 현대에 이르기까지 생명과학의 역사를 간결하게 정리했기 때문이다. 저자는 사실을 단순히 연대순으로 나열하는 것에 그치지 않고 논리의 흐름을 파헤쳤고 과학자의 공과도 과감히 논했다. 그것이 이 책의 매력일 것이다. 많은 생명과학 용어에 대한 유래를 밝히고 있어 왜 그런 용어로 쓰게 되었는지에 대한 평소의 궁금증도 꽤 해소할 수 있었다. 물론 적잖은 세월의 경과로 인해 출판 당시와는 달라진 점이 있었고 내용상 이해하기 어려운 부분도 있었다. 그런 것에는 역주로 해설을 달았으나 원저의 감명에 누가 되지 않기를 바랄 뿐이다.

본문 중 잦은 괄호와 많은 따옴표 표현은 원문의 특징이다. 가독성을 위해 상당한 괄호 표현을 풀었음을 밝히는 바이다. 원문에는 또한 현학적인 표현과 장문이 적지 않았다. 원문의 정확한 뜻을 알 수 없어 옮기는 이의 영어 실력이 모자람을 몇 번이나 한탄했다. 과학 논문에서 강조하는 '간결한 영어'(plain english)의 중요성을 실감하지 않을 수 없었다. 최근의 글쓰기 경향을 좇아 적잖게 장문을 단문으로 나누어 번역했다. 글쓰기가 소통을 전제로 하는 것이라면 글은 쉽게 쓰는 것이 좋을 것이다. 그러나 어려운 글을 읽어내는 독자는 저자의 기쁨일 것이다. 저자에겐 교정의 버릇이 없었다고 하는데, 많은 괄호 표현이나 뜻을 헤아리기 어려웠던 문장에는 그런 것이 이유로 작용했을 수 있다.

끝으로 이 책의 번역 제안에 흔쾌히 응해 준 탐구당 출판사의 홍정수 대표, 그리고 교정을 거들어준 동아대학교의 장소영 선생, 신세를 많이 진 양산 타워에 고마움을 전하고 싶다.

색인

ㅇ

ㅈ

ㅊ

ㅎ

바로 읽는
생명과학의 역사

1판 인쇄 2017년 4월 10일
1판 발행 2017년 4월 15일

지은이 아이작 아시모프
옮긴이 정정남
펴낸이 홍정수
펴낸곳 탐구당

출판등록 1950. 11. 1 서울 제 03-00993호
140-011 서울특별시 용산구 한강대로 62 나길 6
전화 (02)3785－2211~2 | 팩스 (02)3785－2272
E-mail : tamgudang@paran.com | http://www.tamgudang.co.kr

ISBN 978-89-6499-034-6 03400
값 12,000원